패러데이가 들려주는 전자석과 전동기 이야기

패러데이가 들려주는 전자석과 전동기 이야기

초 판 1쇄 발행일 | 2006년 1월 11일
개정판 1쇄 발행일 | 2010년 9월 1일
개정판 13쇄 발행일 | 2021년 5월 31일

지은이 | 정완상
펴낸이 | 정은영
펴낸곳 | (주)자음과모음

출판등록 | 2001년 11월 28일 제2001－000259호
주 소 | 04047 서울시 마포구 양화로6길 49
전 화 | 편집부 (02)324－2347, 경영지원부 (02)325－6047
팩 스 | 편집부 (02)324－2348, 경영지원부 (02)2648－1311
e－mail | jamoteen@jamobook.com

ISBN 978－89－544－2075－4 (44400)

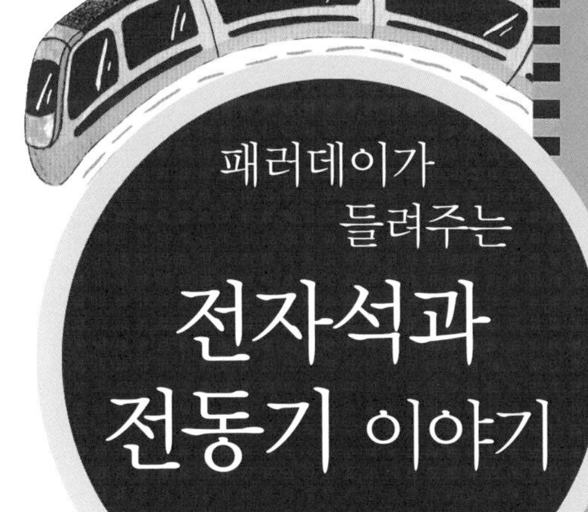

패러데이가
들려주는

전자석과 전동기 이야기

| 정완상 지음 |

(주)자음과모음

패러데이가 들려주는 전자석과 전동기 이야기

패러데이는 전기의 힘과 자석의 힘을 통일하는 전자기 유도 법칙을 처음으로 찾아낸 영국의 과학자입니다. 또한 이 원리를 이용하여 전동기와 발전기를 발명했습니다.

일상생활에서 많이 사용하는 전동기에 대한 패러데이의 9일 동안의 수업은 흥미롭고 재미있습니다. 우선 청소년들에게 매우 친숙한 전동기를 소개하기 전에 전자석의 원리를 먼저 가르치고, 학생들과 직접 전자석을 만들어 본 뒤 간단한 전동기와 발전기의 원리를 쉽게 설명했습니다.

이 책을 쓰는 내내 어떻게 하면 재미와 정보, 지식 모두를 습득할 수 있도록 도와줄까 많이 고민했습니다. 그래서 생각해 낸 방법이 수업 형식입니다. 여러분 곁에서 이 분야의 위대한 과학자가 쉽고 재미있게 수업한다면 중도에 포기하지 않고 끝까지 읽을 수 있을 것이라는 생각이 들었습니다.

이 책을 펼치는 순간 마치 여러분은 패러데이와 함께 전자석과 전동기를 들고 전기와 자석의 신비를 밝히는 탐험을 하는 것처럼 그의 생생한 수업을 들을 수 있을 것입니다.

패러데이의 수업을 듣는 동안 여러분들은 전자석과 전동기에 관한 모든 것에 대해 알게 될 것입니다. 특히 전동기와 전자석이 우리 주변 어느 곳에 사용되는지에 대한 내용을 매우 재미있게 배울 수 있을 것입니다.

마지막으로 이 책의 원고를 교정해 주고, 부록 동화를 함께 토론하며 좋은 책이 될 수 있게 도와준 이미나 양에게 고맙다는 말을 전하고 싶습니다. 그리고 이 책이 나올 수 있도록 물심양면으로 도와준 (주)자음과모음 강병철 사장님과 직원 여러분에게도 감사를 드립니다.

정 완 상

차례

부록

첫 번째 수업

1

전류란 무엇인가요?

건전지를 전구에 연결하면 전류가 흘러 전구에 불이 들어옵니다.
전류에 대해 알아봅시다.

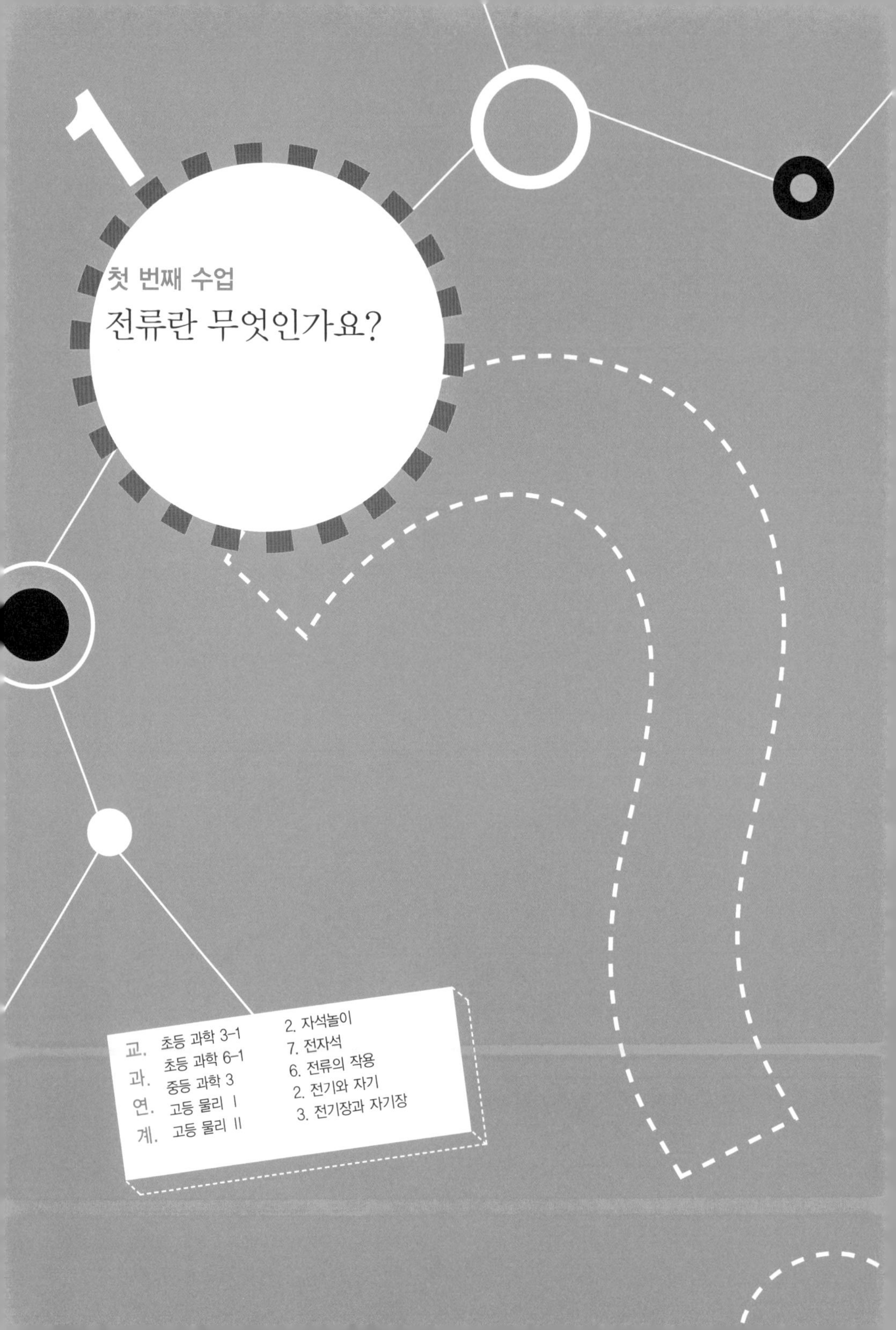

첫 번째 수업
전류란 무엇인가요?

교과연계		
초등 과학 3-1	2. 자석놀이
초등 과학 6-1	7. 전자석
중등 과학 3	6. 전류의 작용
고등 물리 I	2. 전기와 자기
고등 물리 II	3. 전기장과 자기장

패러데이가 밝은 표정으로 첫 번째 수업을 시작했다.

전류라는 말은 많이 들어보았지요? 전류는 전기의 흐름입니다. 물질은 전기를 띤 작은 알갱이들로 이루어져 있어요. 그런데 사람에게 남자와 여자가 있듯이 전기에도 남자와 여자가 있어요.

그게 무슨 말이냐고요? 전기에도 두 종류가 있지요. 과학자들은 두 종류의 전기를 하나는 플러스 전기라고 하고, 다른 하나는 마이너스 전기라고 하지요.

덧셈을 나타내는 기호 +를 '플러스'라고 읽기 때문에 플러스 전기는 (+)로 나타내고, 뺄셈을 나타내는 기호 −를 '마이

너스'라고 읽기 때문에 마이너스 전기를 (−)로 나타내지요.

결혼은 남자와 여자가 하지요? 마찬가지로 플러스 전기와 마이너스 전기는 서로 사이가 좋답니다. 그래서 둘 사이에는 서로를 잡아당기는 힘이 작용하지요.

하지만 남자들끼리 또는 여자들끼리는 성격이 잘 맞지 않아 자주 싸우지요? 전기들도 비슷하답니다. 플러스 전기끼리 또는 마이너스 전기끼리는 사이가 안 좋아 서로를 밀어내는 힘이 작용하지요.

전기 회로

이제 전류가 흘러가는 길을 알아봅시다. 이것을 전기 회로 또는 줄여서 회로라고 부르지요.

패러데이는 건전지에 2개의 전선으로 전구를 연결했다. 그러자 전구에 불이 들어왔다.

전류가 흐를 때 전구에 불이 들어옵니다. 그러니까 이 회로에는 전기가 흐르고 있는 것이 분명하군요. 무엇이 회로에 전류를 흐르게 했나요? 그것은 바로 건전지입니다. 건전지를 회로에 연결하면 전선을 통해 전류가 흐른답니다.

패러데이는 수도꼭지가 달린 물통에 물을 가득 채웠다.

물통에 물이 가득 차 있지요? 이것이 바로 전선에 연결되지 않은 건전지를 나타냅니다.

이제 물통의 물이 흐르게 해 보겠어요.

패러데이는 물통의 아랫부분에 있는 호스의 꼭지를 열어 다른 작은 물통에 연결했다.

물통의 물이 호스를 따라 흐르는군요. 물통의 물이 흘러가는 것을 전류라고 생각하세요. 그리고 호스를 전선이라고 생각하세요. 그럼 물통은 건전지이니까 건전지에서 전류가 전선으로 흘러가는 것이 보이지요?

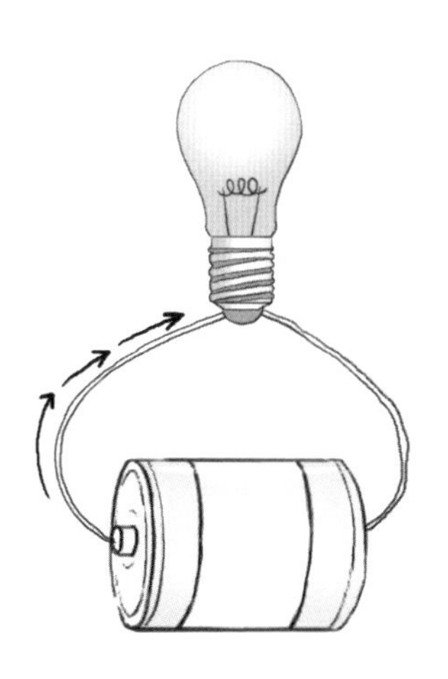

이렇게 건전지가 있고 전선이 연결되어 있으면 회로에 전류가 흐른답니다.

정말 전류가 흐르는지 확인해 볼까요?

패러데이는 신지를 불렀다. 그리고 건전지와 연결된 2개의 전선을 신지의 손에 대었다. 그러자 신지는 깜짝 놀란 표정을 지었다.

신지의 몸에 전류가 흐른 게 틀림없군요. 신지가 깜짝 놀란

것은 건전지에서 흘러나온 전류가 신지의 손을 통해 흘렀기 때문입니다.

사람의 몸은 전기를 잘 통하는 성질이 있지요. 다행히 약한 건전지이므로 신지의 몸에 약한 전류가 흘렀지만, 만일 강한 건전지를 연결하면 신지는 매우 위험해졌을 거예요.

만화로 본문 읽기

선생님,
제 여자 친구예요.
안녕하세요.
마치 플러스 전기와
마이너스 전기처럼
잘 어울리는군요.

플러스 전기와
마이너스 전기요?
그럼요. 전기에는 두 종류가
있는데, 각각 플러스 전기와
마이너스 전기라고 하지요.

플러스 전기와 마이너스 전기는
서로 사이가 좋답니다. 그래서
둘 사이에는 서로를 잡아당기는
힘이 작용하지요.
그럼 같은 전기끼리
는 어떤가요?
+
−

플러스 전기끼리 또는 마이너스 전기
끼리는 사이가 안 좋아 서로를 밀어
내는 힘이 작용하지요.
아, 그렇군요.
+
−

또 전기가 흐르는 것을 전류
라 하고, 전류가 흘러가는 길
을 전기 회로라고 합니다.
전구가 없으면 전기가
흐르는지 모르잖아요?

그럼 직접 확인해
보면 됩니다.
으악, 이제 확실히
알겠네요.

두 번째 수업 2

전류가 흐르는 곳에 나침반을 두면 어떤 일이 벌어지나요?

전류가 흐를 때 주위에 있는 나침반은 어떻게 변할까요?
전류가 나침반에 작용하는 힘에 대해 알아봅시다.

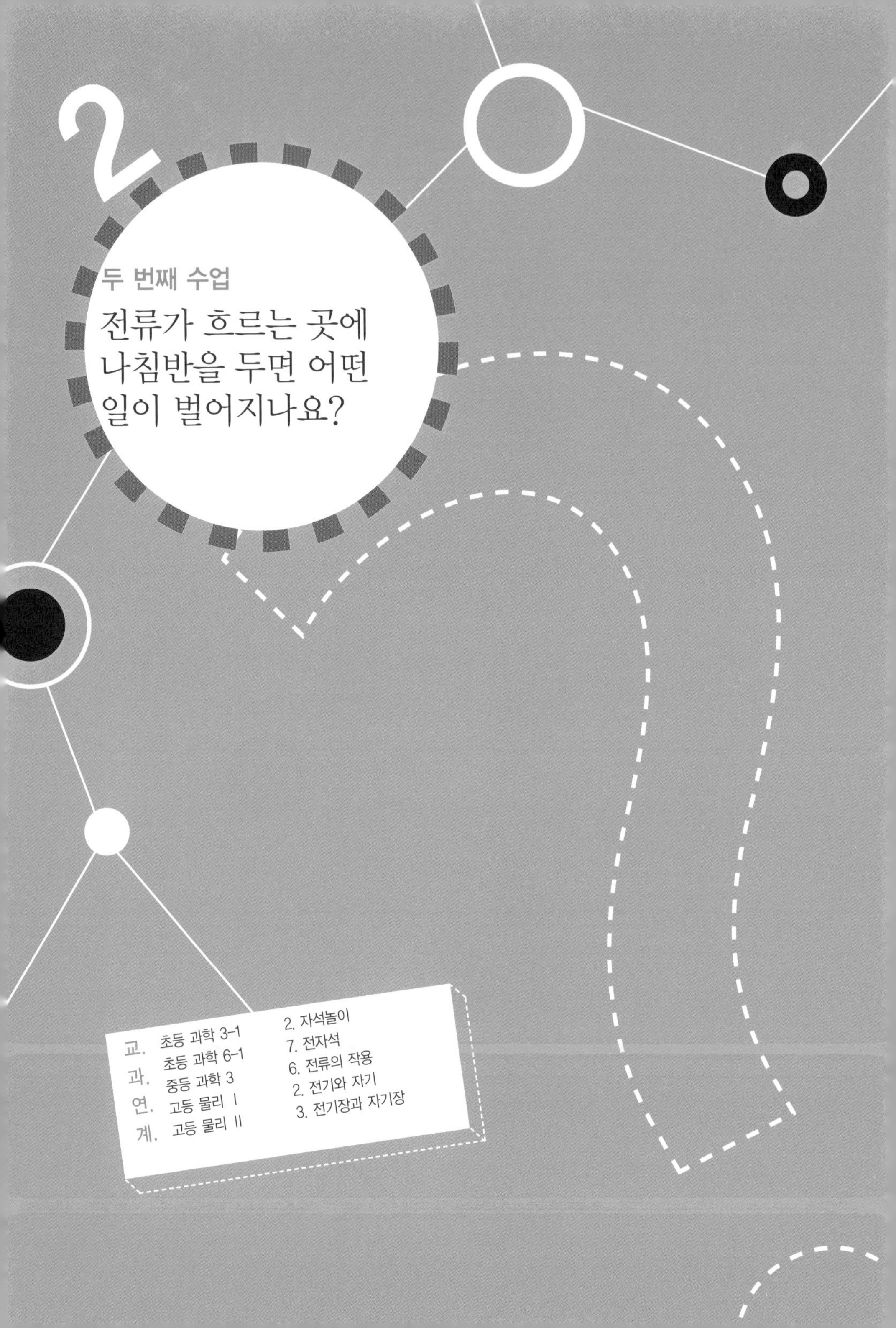

2

두 번째 수업

전류가 흐르는 곳에 나침반을 두면 어떤 일이 벌어지나요?

교. 과. 연. 계.

초등 과학 3-1	2. 자석놀이
초등 과학 6-1	7. 전자석
중등 과학 3	6. 전류의 작용
고등 물리 I	2. 전기와 자기
고등 물리 II	3. 전기장과 자기장

패러데이의 두 번째 수업은 전류가 주위의 나침반에 어떤 영향을 주는지에 대한 내용이었다.

나침반은 빙글빙글 돌 수 있는 자석이지요. 그런데 나침반의 자석은 아무 데나 가리키는 것이 아니라 항상 일정한 방향만을 가리킨답니다.

나침반의 N극이 가리키는 방향은 놀랍게도 항상 지구의 북쪽입니다. 그러니까 S극은 반대로 지구의 남쪽을 가리키지요.

왜 그럴까요? 이것은 바로 자석의 성질 때문입니다.

자석은 두 개의 극을 가지고 있지요. 하나는 N극, 다른 하나는 S극이라고 부르지요.

두 종류의 전기들 사이의 힘처럼 자석들 사이에도 힘이 작용합니다. 같은 (+)극과 (+)극, (−)극과 (−)극 사이에 서로 밀어내는 성질이 있듯이, 자석도 같은 극끼리는 서로를 밀어내는 성질이 있어요.

반대로 서로 다른 극끼리는 달라붙는 성질이 있지요.

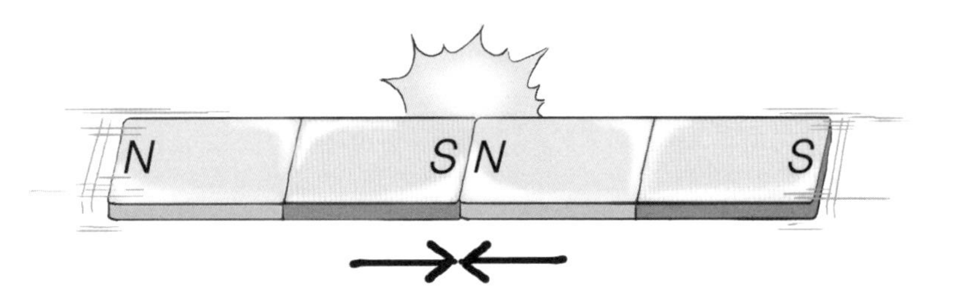

다시 원래의 문제로 돌아가 봅시다.

나침반의 N극이 항상 지구의 북쪽을 가리키는 것은 지구의 북쪽에 자석의 S극이 있기 때문입니다. 즉, 지구 속에는 하나의 거대한 자석이 들어 있지요. 그 자석은 북쪽이 S극이

고 남쪽이 N극이 되도록 누워 있습니다.

그래서 나침반은 자신이 좋아하는 극을 향하도록 움직이는 거지요.

전류가 흐를 때 주위의 나침반의 모양

이번에는 1820년 덴마크의 물리학자인 외르스테드(Hans Christian Oersted, 1777~1851)의 위대한 발견에 대해 알아보지요.

패러데이는 널빤지의 가운데에 쇠막대를 세워 놓고 주위에 나침반 하나를 놓았다. 나침반의 N극은 지구의 북쪽을 가리키고 있었다.

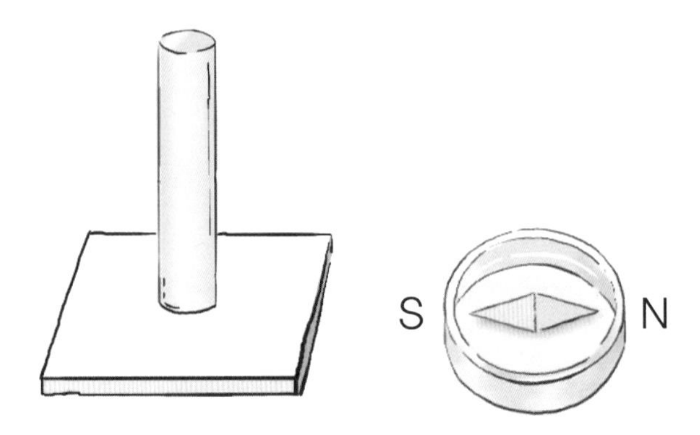

지금 나침반의 N극이 가리키고 있는 방향은 지구의 북쪽 방향입니다.

이제 여러분에게 마술을 보여 드리겠습니다.

패러데이는 막대에 건전지를 연결하여 전류가 위로 흐르게 하였다. 순간 나침반의 바늘이 돌아갔다.

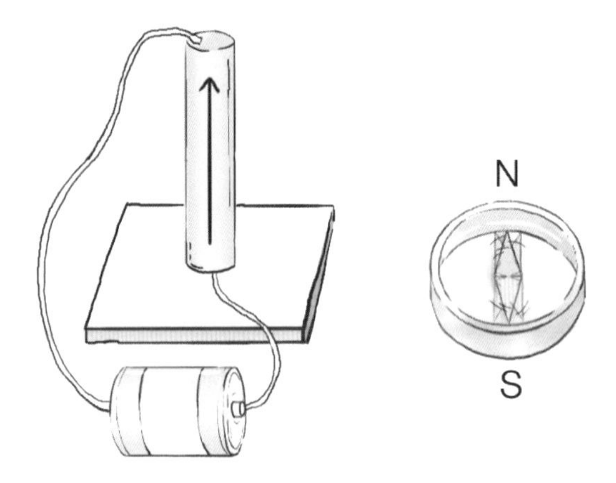

어랏! 나침반의 바늘이 움직였어요! 지구의 북쪽이 바뀐 걸까요? 그건 아닙니다. 쇠막대에 전류가 흐르면서 주위에 있는 자석들에게 그렇게 움직이라고 한 거지요. 즉, 전류가 자석에 힘을 작용해 나침반 바늘의 방향을 바꾸어 놓은 것입니다.

이것은 외르스테드의 기적과 같은 발견입니다. 사실 외르스테드는 이것을 우연히 발견했어요.

어느 날 코펜하겐 대학의 물리학과 교수인 외르스테드는 수업 시간에 쇠막대에 건전지를 연결하면 전류가 흐른다는 것을 보여 주려고 했어요. 그런데 지난 시간에 수업했던 나침반들이 쇠막대 근처에 아무렇게나 놓여 있었지요.

외르스테드는 나침반을 대수롭지 않게 여기고 쇠막대에 전류를 흘려보냈어요. 그런데 놀라운 일이 벌어졌어요. 쇠막대에 전류가 흐르는 순간 나침반 바늘의 방향이 모두 바뀌었던 것이지요. 외르스테드는 이 사실을 사람들에게 알렸어요.

자! 외르스테드의 발견에 얽힌 얘기는 이 정도로 하고 다시 원래의 얘기를 하겠습니다.

패러데이는 건전지를 반대로 연결했다. 순간 나침반이 반대로 돌아갔다.

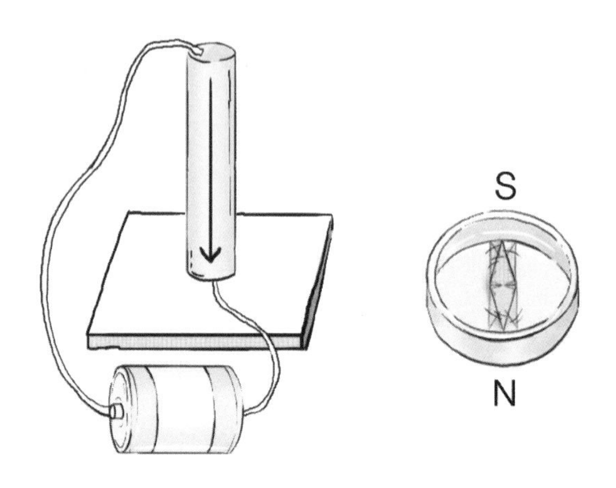

나침반의 N극이 가리키는 방향이 달라졌군요. 이것은 전류의 방향이 바뀌었기 때문입니다. 그러니까 전류의 방향이 달라지면 나침반의 N극이 가리키는 방향이 달라진다는 것을 알게 되었어요.

이번에는 나침반을 여러 개 놓아 볼까요?

패러데이는 쇠막대 주위에 나침반을 여러 개 놓고, 전류를 아래에서 위로 흐르게 했다.

나침반이 모두 돌아갔군요. 그럼 나침반들의 N극이 가리키는 방향을 연결해 봅시다.

학생들은 나침반의 N극이 가리키는 방향을 연결하여 선으로 그렸다. 쇠막대를 중심으로 원이 그려졌다.

이것이 바로 전류가 흐를 때 주위 나침반의 N극이 향하는 방향입니다. 즉, 그림의 큰 원은 전류 주위 나침반의 N극이 향하는 방향을 나타냅니다.

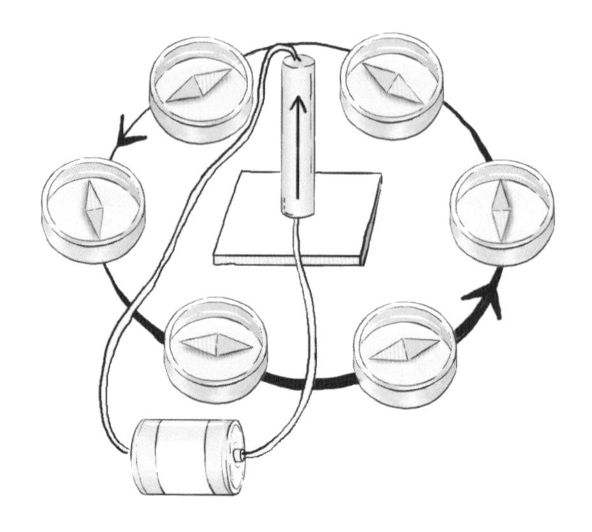

패러데이는 전류가 위에서 아래로 흐르도록 건전지를 바꾸어 연결했다. 순간 나침반의 방향이 반대로 바뀌었다.

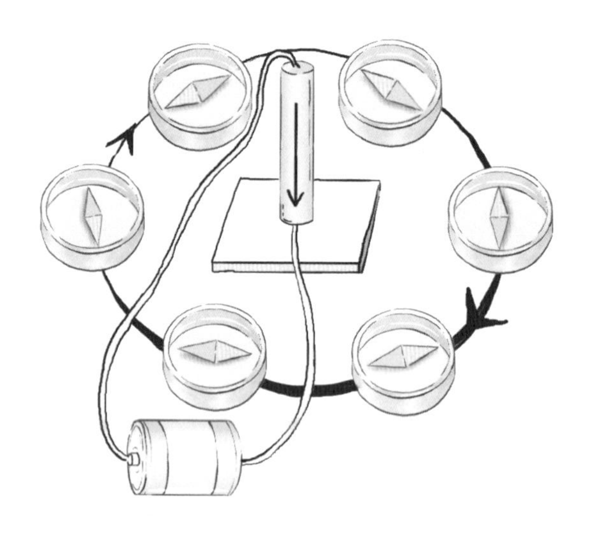

이번에는 반대 방향으로 도는 원이 되었군요. 이것을 간단하게 기억하는 방법이 있습니다.

전류의 방향으로 오른손 엄지손가락을 세우세요. 이때 나머지 네 손가락을 감아쥐는 방향이 나침반의 N극이 향하는 방향입니다.

그러니까 전류가 위로 흐를 때는 다음과 같습니다.

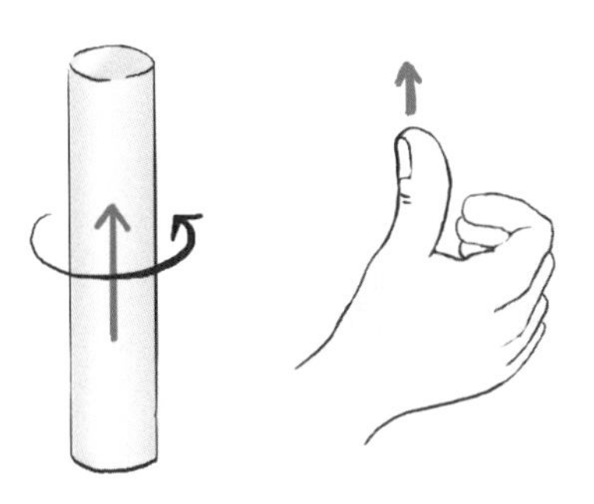

그리고 전류가 아래로 흐를 때 N극이 향하는 방향은 다음 그림과 같이 기억하면 됩니다.

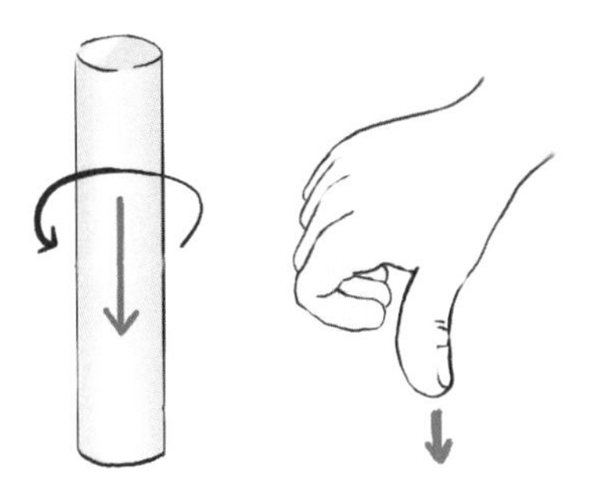

조금 더 실험을 해 보죠.

패러데이는 전류가 위로 흐르는 쇠막대 가까운 곳과 먼 곳에 각각 나침반을 놓았다.

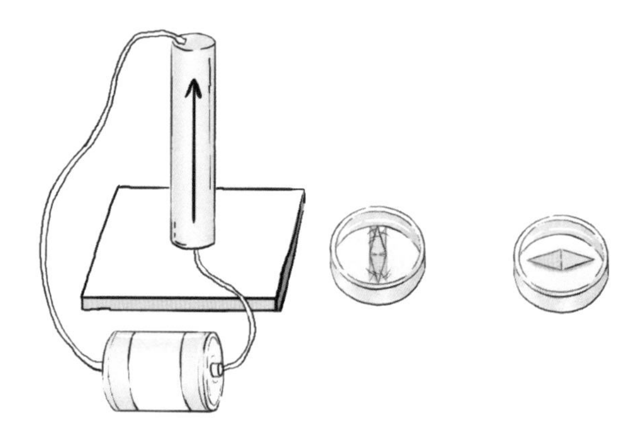

어? 쇠막대 가까운 곳에 있는 나침반은 방향이 바뀌었지만, 먼 곳에 있는 나침반은 방향이 바뀌지 않았군요. 왜 그럴까요?

그것은 흐르는 전류가 주위의 자석에 작용하는 힘은 거리가 멀어질수록 약해지기 때문이지요. 그래서 가까운 곳의 나침반은 큰 힘을 받아 돌아갔지만, 먼 곳의 나침반은 약한 힘을 받아 돌아가지 않은 것이지요.

그럼 먼 곳에 있는 나침반도 돌아가게 할 수는 없을까요?

패러데이는 쇠막대에 건전지를 여러 개 일렬로 연결했다. 그러자 먼 곳에 있는 나침반의 바늘도 돌아갔다.

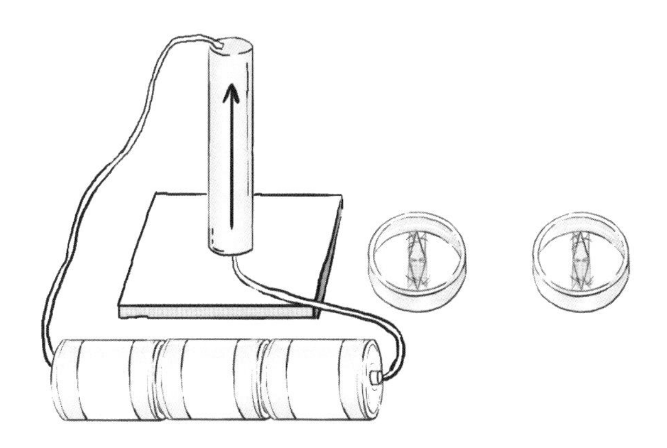

먼 곳에 있는 나침반도 돌아갔지요? 건전지를 일렬로 여러 개 연결하면 쇠막대에 흐르는 전류가 세집니다. 이렇게 전류가 세지니까 먼 곳의 나침반도 돌아가게 되는군요.

이것은 전류가 셀수록 자석에 작용하는 힘이 커진다는 것을 뜻합니다.

만화로 본문 읽기

자, 이제 마술 쇼를 보여 줄게. 나침반은 원래 N극은 북쪽, S극은 남쪽을 향하고 있지?
응.

수리수리마수리 얍!
우아, 정말 신기하다.
휘릭
오, 재미있는 마술이네요.

선생님, 다 아시면서. 이것은 마술이 아니고 과학이잖아요.
맞아요. 이 막대에 건전지를 연결하여 전류가 위로 흐르면 순간 나침반의 방향이 바뀌게 됩니다.
이게 과학이야?

이번에는 나침반을 여러 개 놓아 볼까요.
어? 나침반의 바늘이 신기하게 원을 만들었어요.

이것이 바로 전류가 흐를 때 주위의 나침반 N극이 향하는 방향입니다. 즉 전류 주위 나침반의 N극이 향하는 선은 원을 나타냅니다. 물론 반대로 하면 원은 반대가 됩니다.

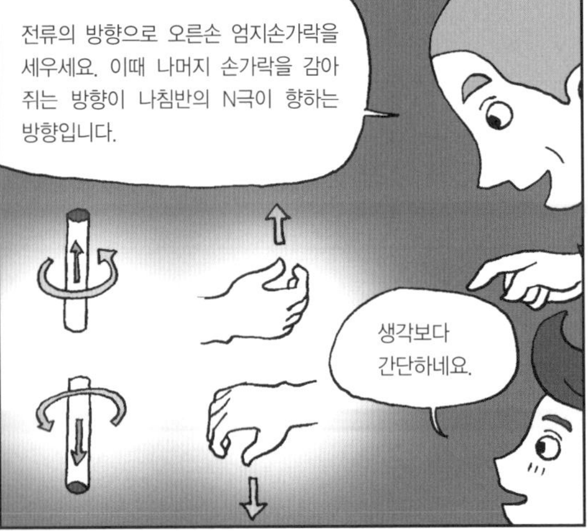
전류의 방향으로 오른손 엄지손가락을 세우세요. 이때 나머지 손가락을 감아쥐는 방향이 나침반의 N극이 향하는 방향입니다.
생각보다 간단하네요.

세 번째 수업 3

전자석 만들기

전류를 이용해 자석을 만들 수 있습니다.
전자석을 만드는 방법에 대해 알아봅시다.

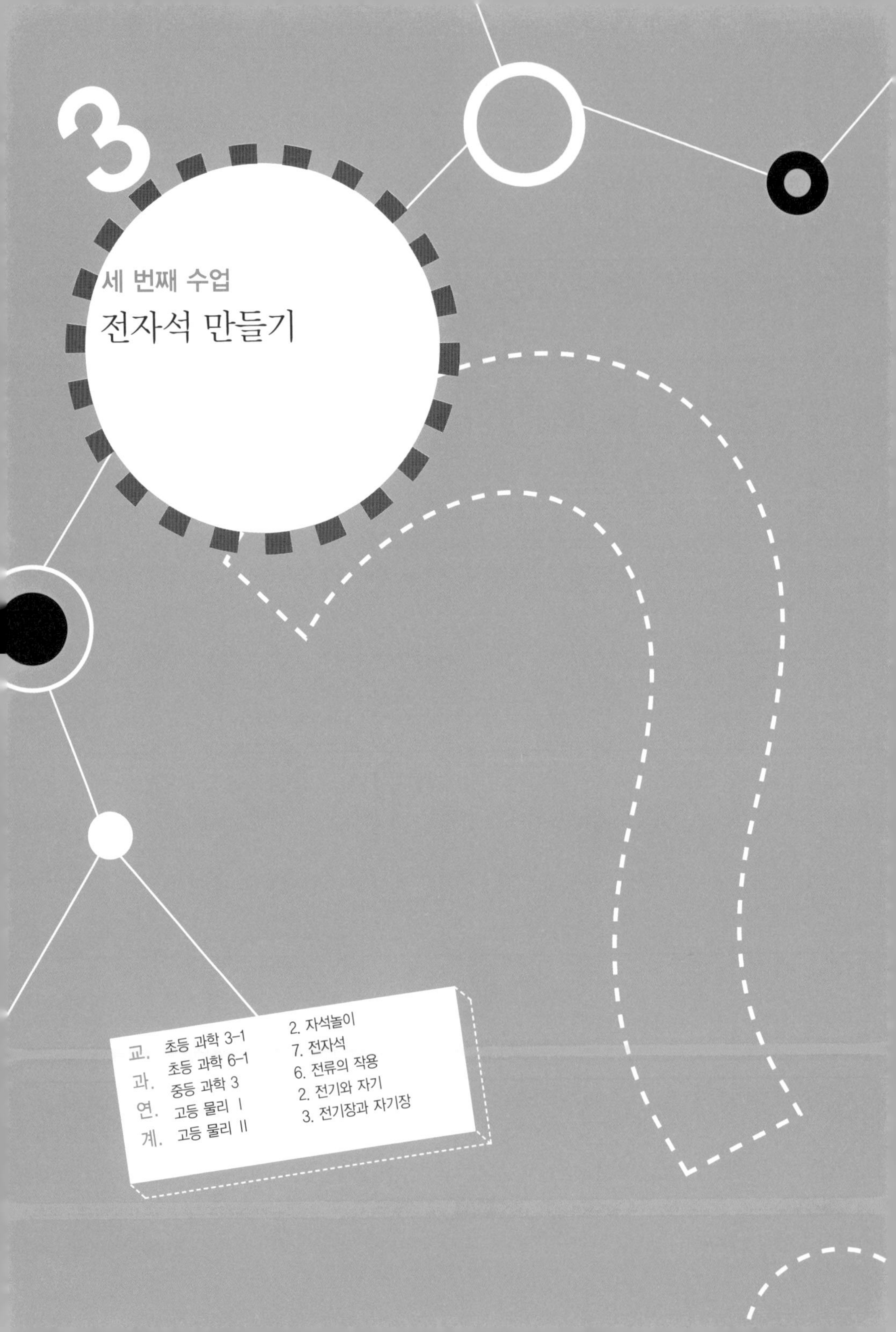

3

세 번째 수업

전자석 만들기

교과연계.

초등 과학 3-1	2. 자석놀이
초등 과학 6-1	7. 전자석
중등 과학 3	6. 전류의 작용
고등 물리 I	2. 전기와 자기
고등 물리 II	3. 전기장과 자기장

패러데이가
지난 수업 내용을 복습하면서
세 번째 수업을 시작했다.

우리는 지난 시간에 전류가 흐르면 주위의 나침반 바늘의 방향이 달라진다는 것을 알았습니다. 이것이 무엇을 뜻하는지를 알아봅시다.

패러데이는 나침반 하나를 놓았다. N극이 북쪽을 가리켰다.

보통 때 나침반의 N극은 지구의 북쪽을 가리킵니다. 이 방향을 자석을 이용해 바꿀 수 있습니다.

패러데이는 막대자석의 N극을 나침반에 가까이 가지고 갔다.

그러자 나침반의 S극이 막대자석의 N극 방향으로 돌아갔다.

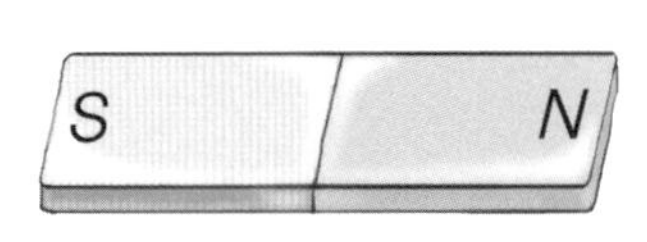

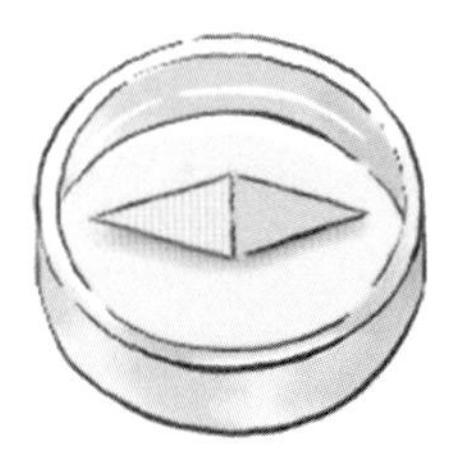

막대자석을 가까이 가지고 갔더니 나침반의 바늘이 돌아갔지요? 그러므로 전류를 흐르게 했을 때 주위의 나침반 바늘이 돌아갔다는 것은 전류가 주위에 자석을 만든다는 것을 뜻합니다.

과학자들은 전류를 흘려 보내 자석을 만들 수 있는 방법을 알아냈는데, 이런 자석을 전자석이라고 부릅니다. 전자석은 전류가 흐르지 않을 때는 자석이 아니고 전류가 흐를 때만 자석이 되는 성질이 있지요.

전자석 만들기

패러데이는 쇠못을 알코올 램프로 뜨겁게 달구었다.

쇠못을 뜨겁게 하는 이유는 쇠못이 혹시 가지고 있을지 모르는 자석의 성질을 없애 주기 위해서입니다.

페러데이는 가열한 쇠못을 천천히 식힌 다음 종이를 감고 에나멜선을 촘촘히 감았다.

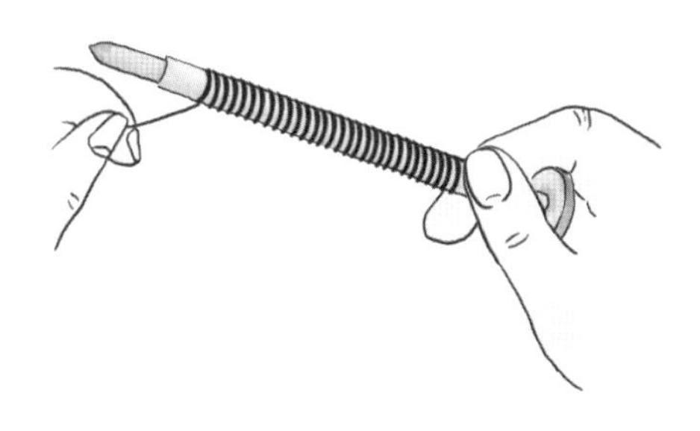

에나멜선은 구리선을 전기를 잘 통하지 않는 에나멜로 감싼 것이지요. 그러므로 전류은 에나멜선의 안쪽에 있는 구리선을 통해 흐르고 바깥으로는 흐르지 않으므로 전류가 흐를 때 에나멜선을 만져도 안전합니다.

쇠못에 종이를 감는 이유는 무엇일까요?

에나멜선에 흠집이 생겨 벗겨지면 구리선이 나타납니다. 그때 구리선이 직접 쇠못과 닿으면 전자석을 만들 수 없기 때문에 전기를 통하지 않는 종이로 감아 준 것입니다. 종이대신 비닐이나 셀로판지를 이용해도 되지요.

자, 그럼 다음 단계로 가 보죠.

패러데이는 에나멜선의 양 끝을 테이프로 고정했다.

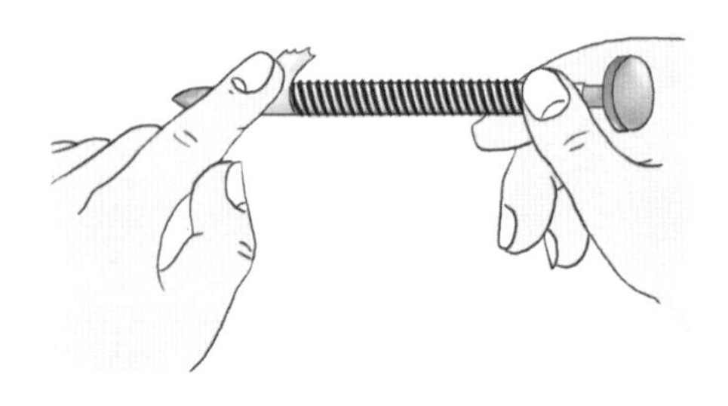

이것은 에나멜선이 풀리는 것을 막아 주지요.

패러데이는 에나멜선의 양 끝을 칼로 벗겼다.

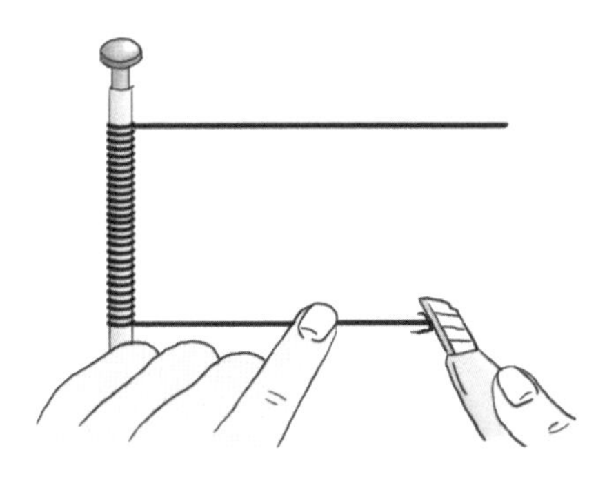

이것은 에나멜선 속에 전기를 통하는 구리선이 나타나도록 하기 위해서입니다.

패러데이는 에나멜선의 양 끝을 건전지에 연결했다.

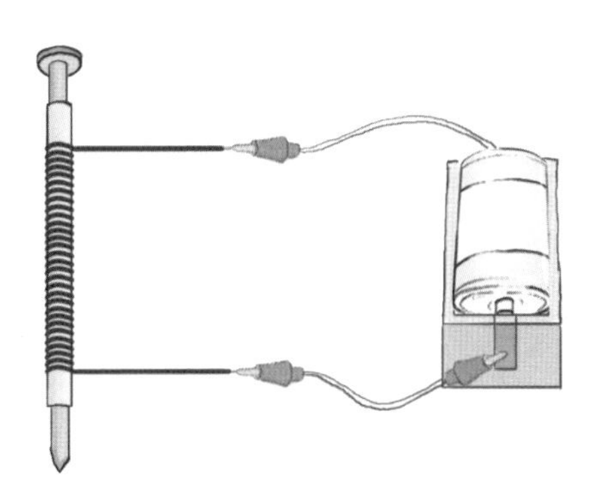

이제 에나멜선에 전류가 흐르겠군요. 이제 전자석이 완성되었군요. 과연 이것이 자석의 성질을 가지고 있는지 확인해 봅시다.

패러데이는 누름못을 쇠못 가까이 가지고 갔다. 누름못은 쇠못의 끝에 철커덕 달라붙었다.

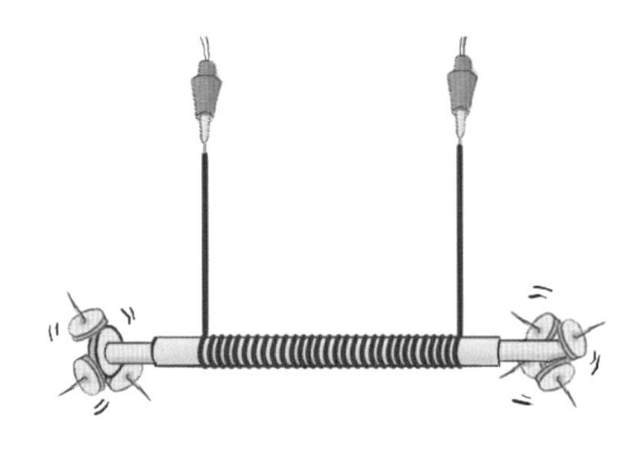

정말 자석이 되었군요.

이번에는 전류가 흐르지 않을 때를 봅시다.

패러데이는 에나멜선을 건전지에서 떼어 냈다. 순간 쇠못에 붙어 있던 누름못이 떨어졌다.

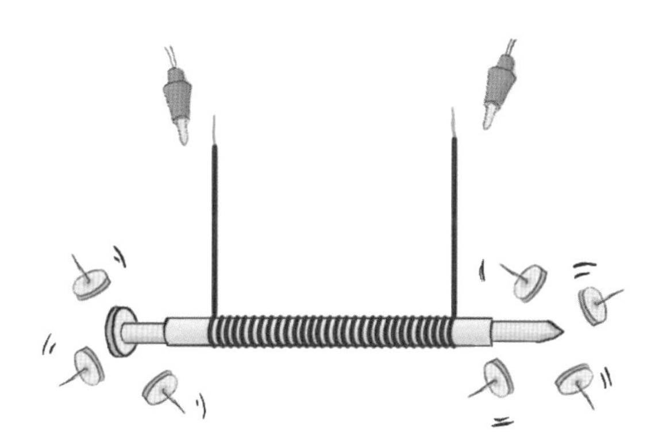

전류가 흐르지 않으니까 자석이 아니군요.

전자석은 전류가 흐를 때만 자석의 성질을 띤다.

만화로 본문 읽기

선생님, 전기로 자석을 만들 수 있다면서요.
그럼요! 한번 만들어 볼까요?
네!

쇠못을 뜨겁게 하는 이유는 쇠못이 혹시 가지고 있을지 모르는 자석의 성질을 없애 주기 위해서입니다.

에나멜선은 전기를 잘 통하지 않는 에나멜로 구리선을 감싼 것이지요.
쇠못에 종이를 감는 이유는 뭔가요?

에나멜선이 벗겨지면 구리선이 나타나는데, 구리선이 직접 쇠못과 닿으면 전자석을 만들 수 없기 때문에 전기를 통하지 않은 종이로 감아 준 것입니다.
그렇군요.
선생님, 양쪽에 테이프까지 감았어요.

에나멜선의 양끝을 칼로 벗긴 다음 에나멜선의 양끝을 건전지에 연결합니다.

와, 전기를 통하게 하니깐 자석이 됐어요.
신기해요.
전류가 통하지 않으면 자석의 성질을 잃어버려 누름못이 떨어진답니다.

네 번째 수업

4

전자석의 특징

에나멜선을 많이 감으면 전자석이 가진 전류의 세기가 더 강해질까요?
전자석의 특징에 대해 알아봅시다.

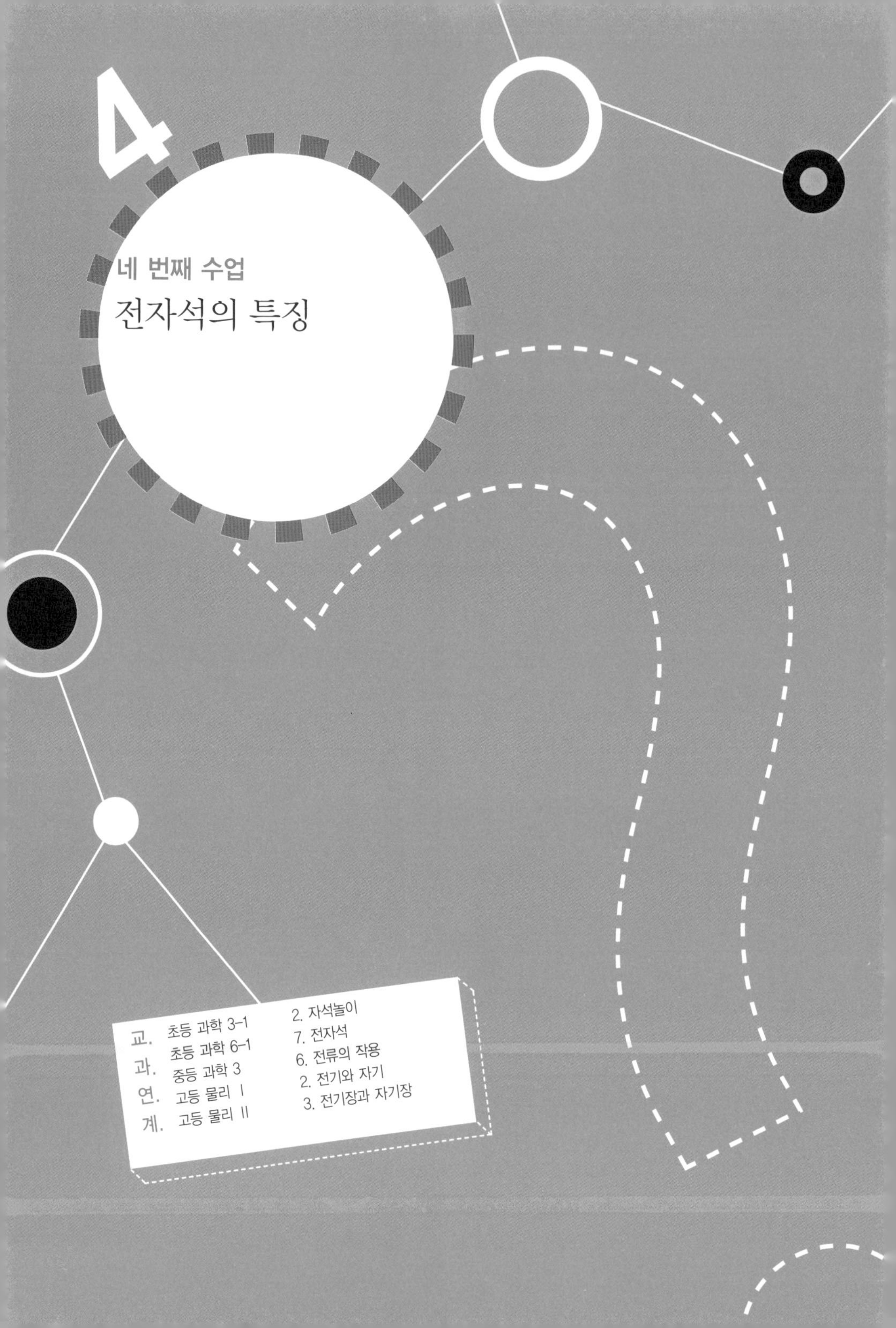

4

네 번째 수업

전자석의 특징

교.	초등 과학 3-1	2. 자석놀이
과.	초등 과학 6-1	7. 전자석
	중등 과학 3	6. 전류의 작용
연.	고등 물리 I	2. 전기와 자기
계.	고등 물리 II	3. 전기장과 자기장

패러데이의 네 번째 수업은 전자석의 특징에 관한 내용이었다.

오늘은 전자석의 재미있는 특징에 대해 알아보겠습니다.

전자석은 전류가 흐를 때만 자석이 되므로 원할 때만 자석으로 만들 수 있습니다.

우선 전자석에 감긴 에나멜선의 수가 어떤 영향을 주는지를 알아봅시다.

패러데이는 똑같은 길이의 쇠못에 하나는 에나멜선을 2번 감고, 다른 하나는 20번을 감아 같은 건전지에 연결시켜 2개의 전자석을 만

들었다. 두 전자석에서 같은 거리만큼 떨어진 곳에 작은 쇳조각을 놓았다. 에나멜선을 2번 감은 전자석에는 쇳조각이 달라붙지 않고, 20번 감은 전자석에는 쇳조각이 달라붙었다.

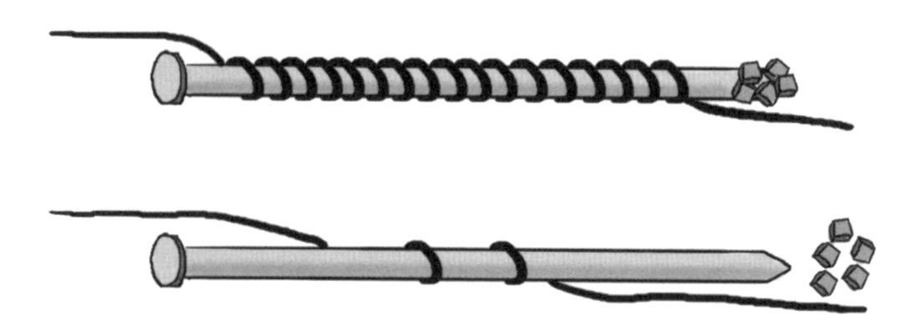

에나멜선을 여러 번 감은 전자석이 더 강한 자석이 되는군요. 그러니까 다음 사실을 알 수 있습니다.

전자석은 같은 길이의 쇠못에 에나멜선을 여러 번 감을수록 강해진다.

자! 그럼 우리가 만든 전자석이 막대자석과 어떤 공통점이 있는지를 알아봅시다.

패러데이는 전자석 옆에 나침반을 놓았다. 전류를 흐르게 하자 나침반의 N극이 오른쪽을 가리켰다.

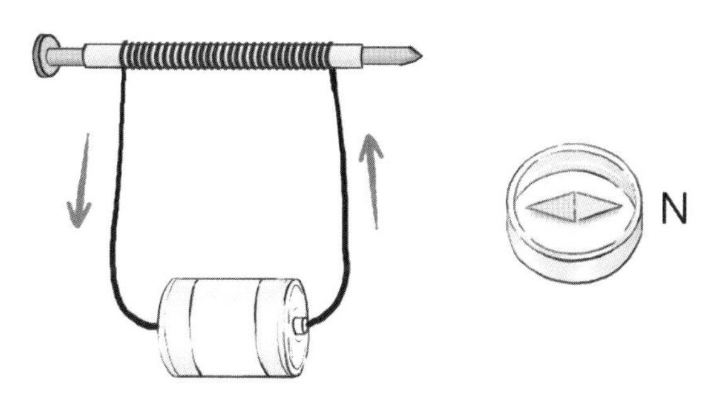

나침반 N극의 방향이 전자석 때문에 바뀌었지요? 이것은 다음과 같이 막대자석 앞에 있는 나침반의 모양과 같습니다.

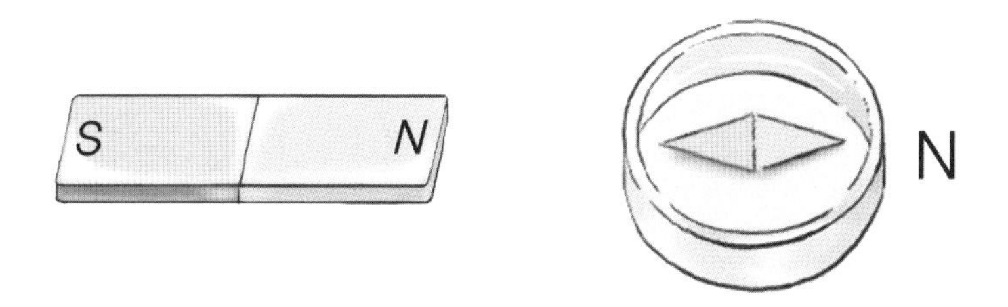

그러니까 이 전자석은 왼쪽이 S극을, 오른쪽이 N극을 나타내는군요.

자! 이번에는 전자석의 극을 바꾸어 보겠습니다.

패러데이는 건전지를 반대 방향으로 연결했다. 그러자 나침반의 N극이 전자석 쪽, 즉 왼쪽을 향했다.

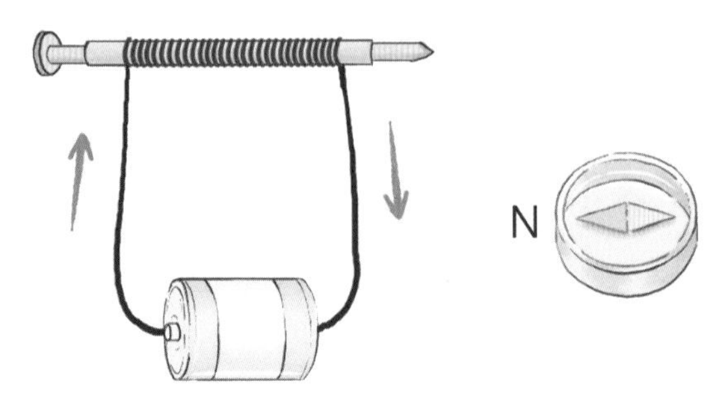

이렇게 나침반의 바늘이 가리키려면 다음과 같이 막대자석을 놓아야 합니다.

막대자석을 반대로 향하게 해야 하는군요.

막대자석의 경우는 극을 마음대로 바꿀 수 없지만, 전자석의 경우는 건전지를 반대로 끼우기만 하면 극을 바꿀 수 있습니다.

어떻게 전자석의 N극의 방향을 알 수 있을까요?

처음 실험했던 경우를 보면 에나멜선에 전류가 화살표 방향으로 흐르지요? 전류가 흐르는 방향으로 오른손을 감아쥐어 보세요. 그때 엄지손가락이 가리키는 방향이 바로 전자석의 N극이거든요.

전자석은 어느 부분이 자석의 힘이 강할까요?

패러데이는 전자석 주위에 클립을 뿌렸다. 전자석의 양극 부분에 클립이 많이 달라붙었다.

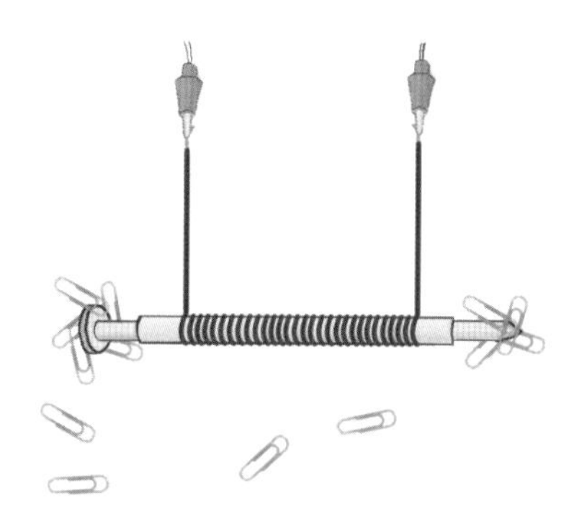

전자석도 막대자석처럼 자석의 양극 부분이 자석의 힘이 가장 세군요.

전자석이 막대자석에 비해 좋은 점이 있습니다. 막대자석은 쇠붙이를 끌어당기는 힘이 항상 같습니다. 하지만 전자석은 얼마든지 자석의 힘의 크기를 바꿀 수 있습니다.

패러데이는 건전지 1개를 연결한 전자석 앞에 클립을 놓았다. 클립이 너무 멀어서 전자석에 달라붙지 않았다.

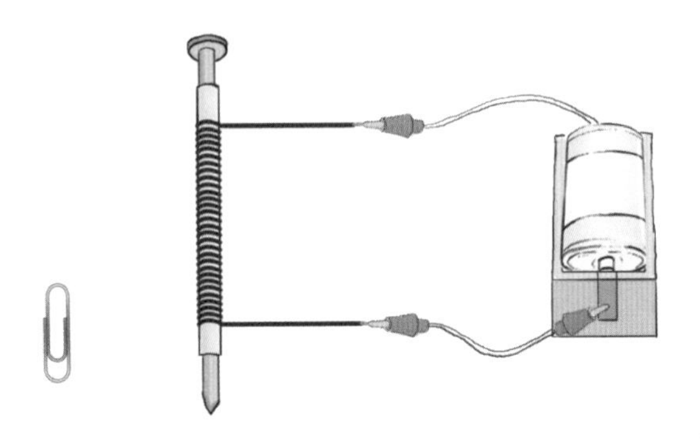

자석의 힘이 너무 약해 클립이 자석에 달라붙지 않는군요. 이제 클립이 전자석에 달라붙게 할 수 있습니다.

패러데이는 전자석에 건전지 2개를 연결했다. 그러자 클립이 전자석에 철커덕 달라붙었다.

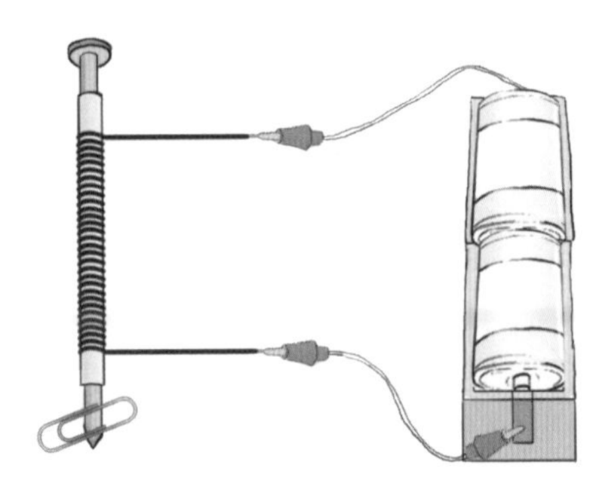

왜 달라붙었나요?

그것은 자석의 힘이 강해졌기 때문입니다. 건전지 두 개를 일렬로 연결하면 흐르는 전류가 두 배로 세집니다. 이렇게 전자석에 흐르는 전류가 세지면 쇠붙이를 끌어당기는 힘이 커집니다.

만화로 본문 읽기

무엇을 하고 있나요?
지난번에 만든 전자석을 연구 중이에요.
좀 더 자성을 강하게 하는 방법을 찾고 있어요.

그럼 어떻게 할지 연구해 봤나요?
코일을 좀 더 감아 볼 거예요.
전에 만든 것보다 두 배 더 감았어요.

와! 코일이 두 배 더 감겨 있는 쪽에 쇠붙이가 훨씬 많이 붙어 있어요.
전자석은 에나멜선을 여러 번 감을수록 강해집니다.

또 건전지 2개를 일렬로 연결하면 전자석에 흐르는 전류의 세기가 2배로 커지면서 쇠붙이를 끌어당기는 힘이 커집니다.

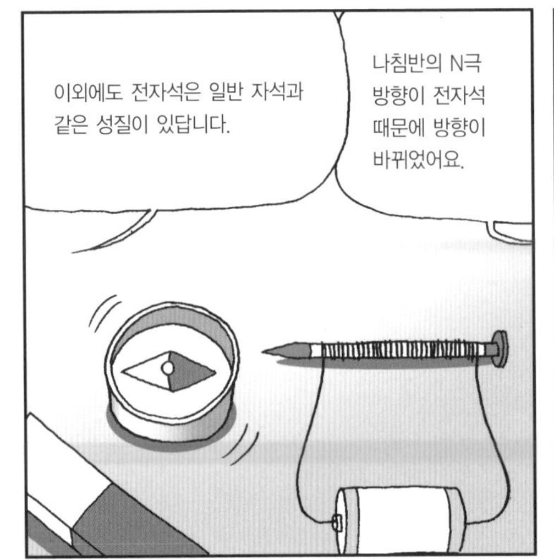

이외에도 전자석은 일반 자석과 같은 성질이 있답니다.
나침반의 N극 방향이 전자석 때문에 방향이 바뀌었어요.

막대자석의 경우는 극을 바꿀 수 없지만, 전자석의 경우는 건전지를 반대로 끼우기만 하면 극을 바꿀 수 있습니다.
아, 그렇군요.
N

다섯 번째 수업

5

전자석의 이용

전자석은 어디에 이용될까요?
전자석을 이용한 장치들에 대해 알아봅시다.

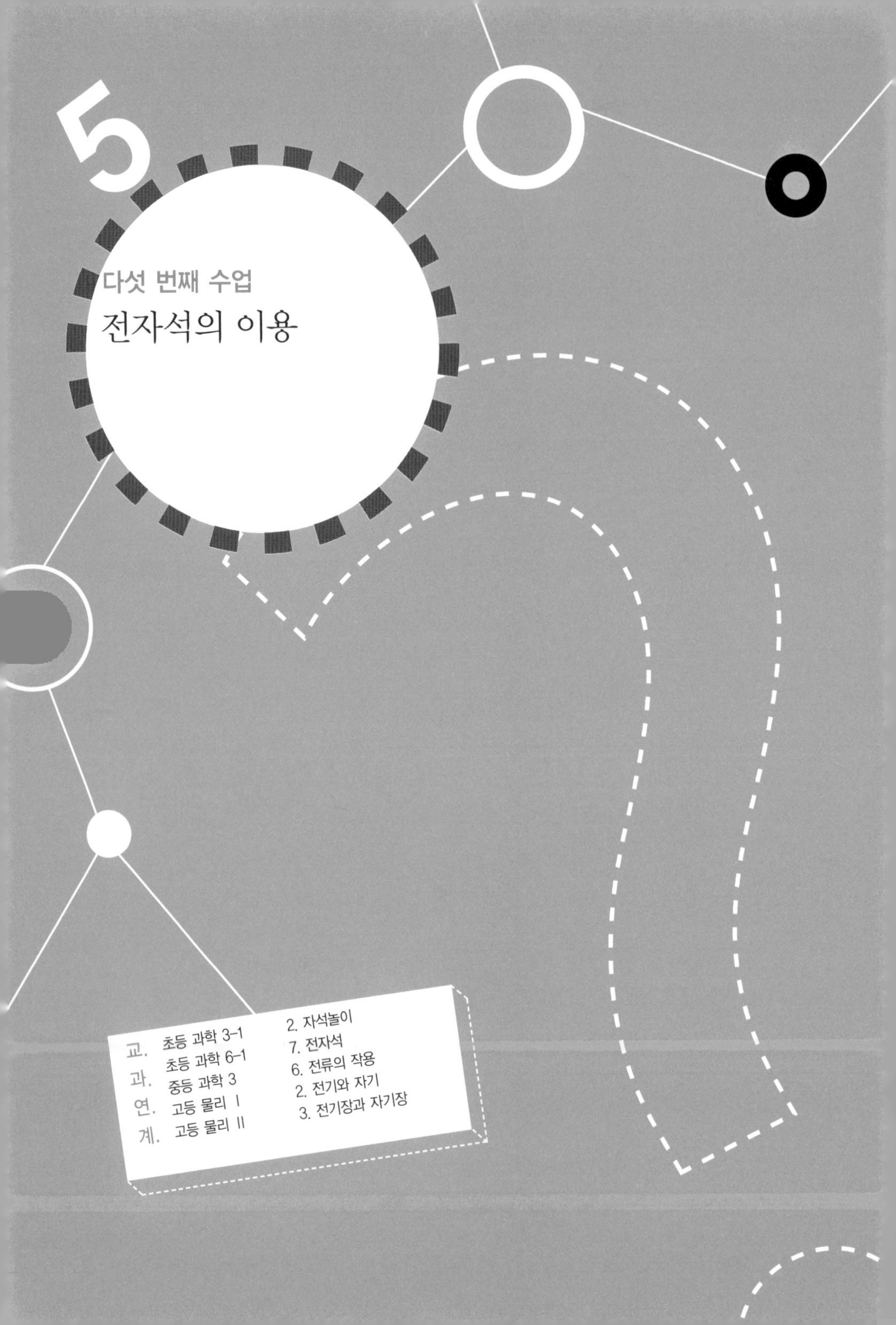

5

다섯 번째 수업

전자석의 이용

교과연계		
교.	초등 과학 3-1	2. 자석놀이
과.	초등 과학 6-1	7. 전자석
연.	중등 과학 3	6. 전류의 작용
계.	고등 물리 I	2. 전기와 자기
	고등 물리 II	3. 전기장과 자기장

패러데이가 학생들에게 반갑게 인사하며 다섯 번째 수업을 시작했다.

오늘은 전자석을 어디에 이용하는지에 대해 알아보겠습니다.

막대자석은 항상 자석의 성질을 가지지만 전자석은 전류를 흘려 줄 때만 자석의 성질을 가지므로 필요할 때만 자석이 되어야 하는 기구에 사용합니다.

또한 전자석은 센 전류를 흐르게 하여 막대자석보다 훨씬 강한 자석을 만들 수 있습니다.

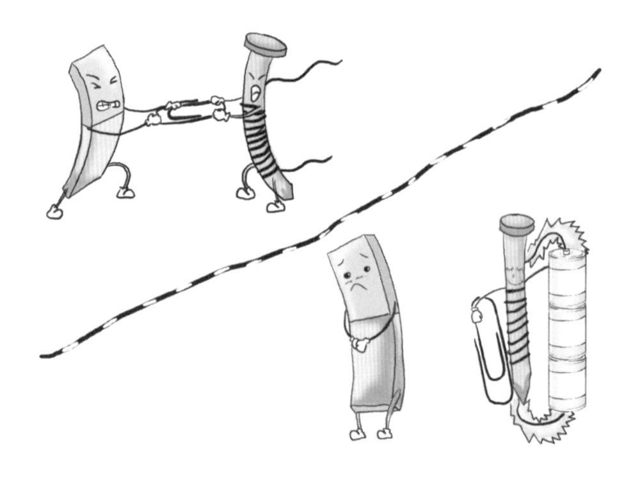

무거운 쇠붙이를 들어올리는 전자석

폐차장에는 이제 더 이상 사용할 수 없는 자동차가 많이 있습니다. 자동차들은 쇠붙이로 되어 있어서 아주 무겁기 때문에 사람의 힘으로는 옮기기가 어렵습니다.

하지만 전자석을 이용하면 여러 대의 자동차를 쉽게 옮길 수 있습니다. 우선 전자석에 전류를 흘려 보내 자석의 성질을 갖게 합니다. 그러면 전자석에 자동차가 달라붙습니다. 이때 사용되는 전자석에는 강한 전류가 흐르기 때문에 자석의 힘이 아주 강하지요. 그래서 무거운 자동차가 철커덕 달라붙습니다.

이렇게 달라붙은 자동차를 다른 장소로 이동시킨 다음, 전류를 흐르지 않게 하면 전자석이 자석의 성질을 잃어 붙어 있던 자동차가 바닥에 떨어집니다.

이렇게 자동차들을 이동시켜 한 장소에 모아 두려고 할 때 전자석을 이용합니다.

초인종

전자석을 이용하는 또 다른 예는 바로 초인종입니다. 이제 초인종의 원리에 대해 알아보겠습니다.

패러데이는 학생들을 데리고 옆 건물로 갔다. 옆 건물에는 초인종이 붙어 있었다. 패러데이가 스위치를 누르자 초인종 소리가 울렸다.

초인종은 항상 울리지 않습니다. 원할 때 스위치를 누르면 울려야 하지요. 초인종은 바로 전자석이 전류가 흐를 때만 자석의 성질을 갖는 것을 이용한 장치입니다.

자세히 알아보지요.

패러데이는 천장에 줄을 매달아 쟁반을 매달았다. 그리고 신지에게 나와 쟁반 아래에 서 있게 했다. 쟁반은 신지의 키보다 조금 높이 매달려 있었다.

신지의 머리가 쟁반보다 낮지요? 이때는 신지의 머리가 쟁반에 부딪히지 않아 쟁반 소리가 나지 않습니다.

패러데이는 신지에게 껑충 뛰어올라 쟁반에 머리를 부딪히게 했다. 쟁반 소리가 요란하게 울렸다.

신지가 껑충 뛰니까 신지의 머리가 쟁반과 부딪쳐 소리가 나는군요. 이것이 바로 초인종의 원리입니다.

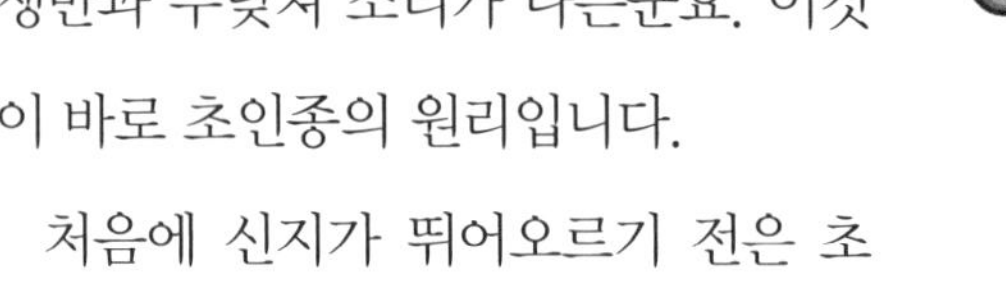

처음에 신지가 뛰어오르기 전은 초인종 스위치를 누르기 전을 나타내고, 신지가 껑충 뛰어오른 것은 초인종 스위치를 누른 후를 나타내지요.

자! 이번에는 진짜 초인종을 만들어 보죠.

패러데이는 쟁반 아래에 전자석을 줄로 매달아 놓았다. 전자석은 건전지와 연결되어 있지 않아 쟁반 아래에 매달려 있었다.

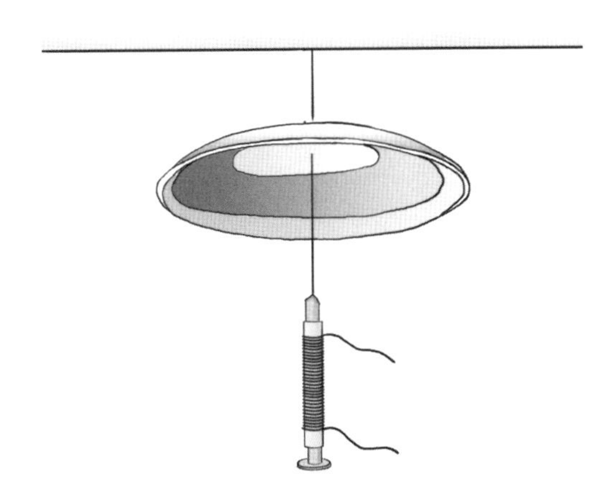

이것이 바로 스위치를 누르기 전 초인종의 모습입니다. 이제 초인종이 울리게 해 보죠.

패러데이는 전자석의 에나멜선 2개를 건전지에 연결했다. 순간 전자석이 위로 올라가 쟁반을 때리면서 소리가 울렸다.

전류가 흐르니까 초인종이 울렸지요? 전류가 흐르면 전자석은 자석이 되어 쇠붙이로 만들어진 쟁반에 달라붙으면서 소리를 내지요. 이것이 바로 스위치를 누르면 초인종 소리가

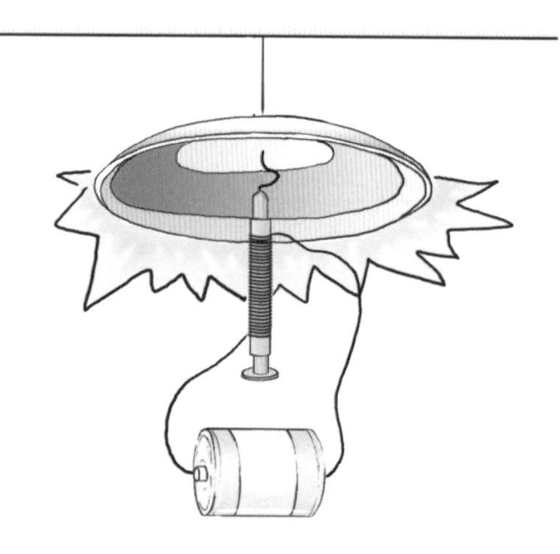

나는 원리입니다. 그러니까 스위치를 누르면 전기가 흘러 초인종 속의 전자석이 자석의 성질을 가져 철판과 부딪치면서 소리를 내는 것입니다.

그 밖에도 전자석을 이용한 장치로는 자동문, 전동기, 스피커 등이 있습니다.

자기 부상 열차

레일 위에 떠서 달리는 기차를 '자기 부상 열차'라고 부릅니다. 열차가 레일 위를 떠서 달리면 마찰력을 줄일 수 있기 때문에 같은 에너지로 매우 빠르게 달릴 수 있고, 레일과 부딪치지 않으므로 달릴 때 소리가 나지 않습니다.

그런 이유 때문에 자기 부상 열차는 미래의 교통수단이 될 것으로 여겨지고 있습니다.

그럼 이제 자기 부상 열차의 원리를 살펴봅시다.

자기 부상 열차는 어떻게 레일 위에 떠 있을까요?

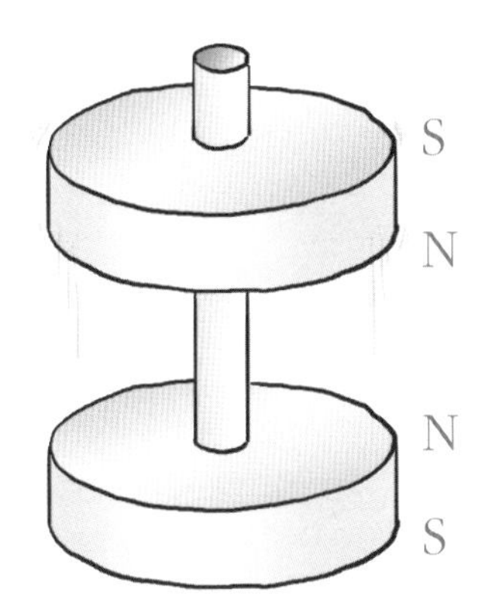

패러데이는 2개의 원형 자석을 서로 같은 극을 마주 보도록 하여 고리에 끼웠다.
같은 극끼리는 서로 밀어내는 힘 때문에 자석이 위에 떠 있었다.

자석이 떠 있는 것은 자석의 같은 극끼리 밀어내는 힘 때문입니다. 바로 이 힘이 자기 부상 열차가 레일 위에 떠서 달리게 합니다.

자기 부상 열차에는 전자석을 사용하는데, 레일에 있는 전자석과 기차 바닥에 있는 전자석이 서로 같은 극이 될 때는 서로를 밀어내고, 서로 다른 극이 될 때는 서로를 잡아당기는 힘에 의해 기차는 레일 위에서 아주 빠르게 달리게 되지요.

즉, 자석의 성질을 이용해 서로 다른 극을 만들어 끌어당기게 하고, 열차가 끌려 오면 극을 바꿔 주어 계속 앞으로 진행할 수 있게 하는 것이지요.

자기 부상 열차는 자석의 극을 자주 바꿔 주어야 하기 때문에 반드시 전자석을 사용해야 합니다. 이때 전류를 세게 흘려 보내면 자석의 힘이 강해지므로 자기 부상 열차는 더 빨리 달릴 수 있게 되지요.

만화로 본문 읽기

선생님, 전자석이 우리 생활에 사용되고 있나요?
물론입니다. 여러 곳에 사용되고 있지요. 한번 알아볼까요.

여기서 전자석을 이용하고 있답니다. 무엇일까요?
저기 차를 올리고 있는 거 아닐까요?

맞아요. 전자석에 전류를 흘려보내 자석의 성질을 갖게 해서 자동차를 달라붙게 하여 옮기고 있는 겁니다.

자동차를 이동시킨 후 전류를 흐르지 않게 하면 자석의 성질을 잃어 자동차가 바닥에 떨어지게 됩니다. 그 외에도 초인종, 자동문, 전동기, 스피커 등도 전자석을 이용합니다.
정말 다양하게 이용되는군요.

저기 보이는 자기 부상 열차 역시 전자석을 이용하는 것입니다.
전자석으로 열차가 움직인다고요?

같은 극끼리 밀어내는 자석의 성질을 이용해서 자기 부상 열차가 레일 위에 떠서 달리게 하는 것입니다.
아, 그렇군요.
S
N
N
S

여섯 번째 수업

6

자석의 힘

스크루가 필요 없는 배를 만들 수 있을까요?
자석이 만들어 내는 에너지에 대해 알아봅시다.

6

여섯 번째 수업

자석의 힘

교.	초등 과학 3-1	2. 자석놀이
과.	초등 과학 6-1	7. 전자석
연.	중등 과학 3	6. 전류의 작용
계.	고등 물리 I	2. 전기와 자기
	고등 물리 II	3. 전기장과 자기장

패러데이가 오늘 배울 내용을 소개하며 여섯 번째 수업을 시작했다.

오늘은 자석이 있을 때 전류가 흐르는 쇠막대가 받는 힘에 대해 알아보겠습니다.

먼저 전류가 흐르는 금속 막대와 금속 막대 사이에도 힘이 작용하는지를 알아볼까요?

패러데이는 다음 페이지의 그림과 같이 구리 막대를 장치하여 한쪽을 고정하고, 다른 한쪽은 움직일 수 있게 하였다. 그리고 건전지를 연결하였다.

그러자 구리 막대 사이가 멀어지기 시작했다.

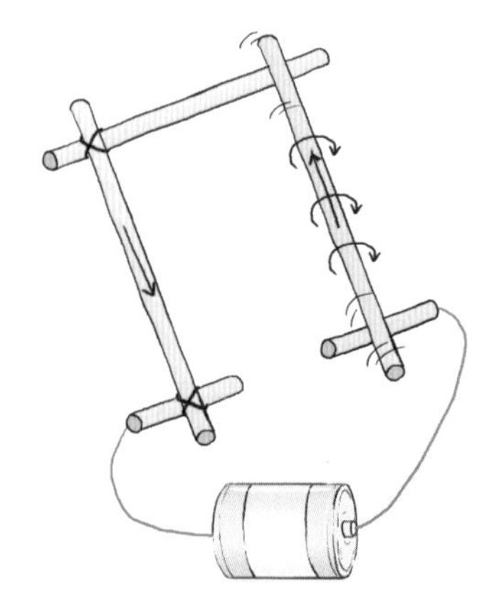

왜 구리 막대가 움직였나요? 그것은 바로 전류가 흐르는 구리 막대들 사이에 힘이 생겼기 때문입니다. 고정된 구리 막대와 움직일 수 있는 구리 막대에는 서로 반대 방향의 전류가 흐릅니다. 이렇게 서로 반대 방향으로 전류가 흐르는 두 구리 막대 사이에는 서로 밀어내는 힘이 작용합니다. 그 힘 때문에 구리 막대가 굴러가게 된 것이죠.

이렇게 전류가 흐르는 두 금속 막대 사이에는 힘이 작용합니다.

이번에는 다음과 같은 실험을 해 보죠.

패러데이는 2개의 철사를 수직으로 세우고, 두 철사에 같은 방향으로 전류가 흐르게 했다.

그러자 두 철사는 안쪽으로 오므라들었다.

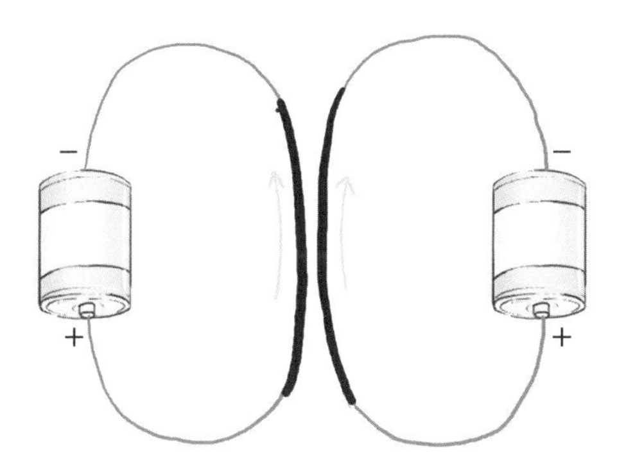

두 철사가 서로 달라붙으려고 하는군요. 이렇게 서로 같은 방향으로 전류가 흐르는 두 철사 사이에는 서로를 당기는 힘이 작용합니다.

패러데이는 이번에는 두 철사에 서로 반대 방향으로 전류가 흐르게 했다. 그러자 두 철사는 바깥쪽으로 벌어졌다.

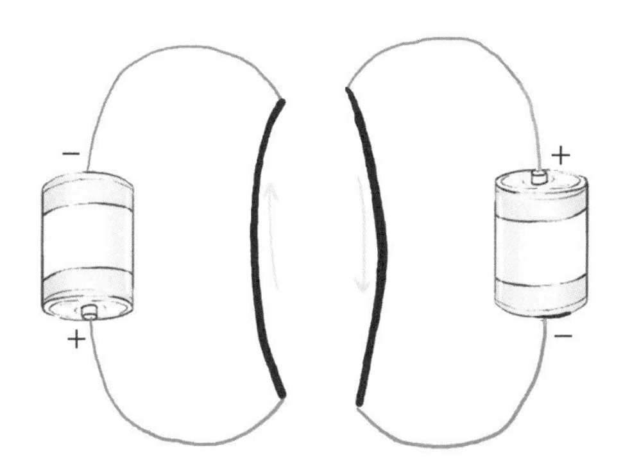

서로 반대 방향으로 전류가 흐르는 철사들 사이에는 서로를 밀어내는 힘이 작용하는군요. 이것이 전류가 흐르는 철사들 사이의 힘입니다.

자석 사이에서 전류가 흐르는 쇠막대가 받는 힘

이번에는 전류가 흐르는 쇠막대가 주위에 자석이 있을 때 어떻게 움직이는지에 대해 알아봅시다.

패러데이는 2개의 자석 사이에 쇠막대를 놓았다. 쇠막대에 전류를 흘려 보내자 쇠막대가 위로 올라갔다.

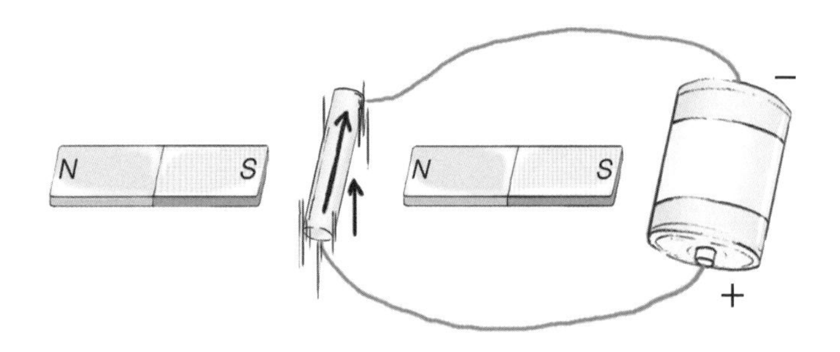

쇠막대가 올라갔다는 것은 쇠막대가 위쪽으로 힘을 받았다는 의미입니다. 우리가 위로 껑충 뛰려면 위 방향으로 힘을

작용해야 하는 것과 같은 이치이죠.

이렇게 전류가 흐르는 쇠막대를 자석 사이에 놓으면 쇠막대는 힘을 받습니다.

이 힘의 방향을 찾기 위해 자석의 N극에서 S극으로 향하는 화살표와 전류의 방향을 나타내는 화살표를 그려 봅시다.

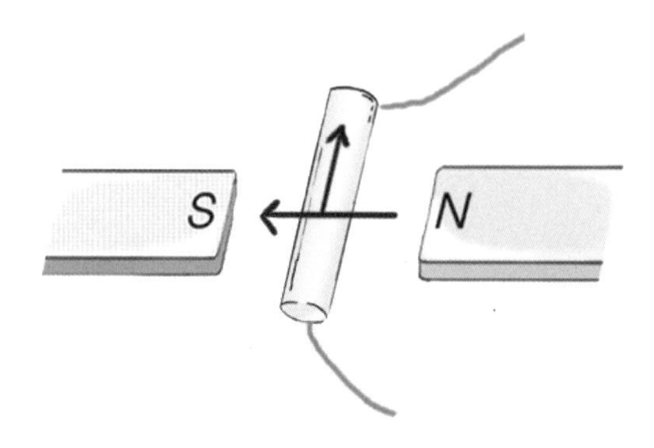

이때 전류의 방향을 나타내는 화살표에 오른손 엄지손가락을 맞추고, 자석의 N극에서 S극으로 향하는 화살표 방향으로 나머지 네 손가락을 펴 보세요. 이때 손바닥이 가리키는 방향이 바로 쇠막대가 받는 힘의 방향입니다. 그러니까 쇠막대는 위로 올라가는 힘을 받아 위쪽으로 튀어오른 것입니다.

그럼 자석이 쇠막대에 가까워지면 어떤 일이 벌어질까요?

다음 실험을 해 보죠.

패러데이는 두 자석을 쇠막대 쪽으로 좀 더 가까이 가지고 갔다.

그러자 쇠막대가 더 높이 올라갔다.

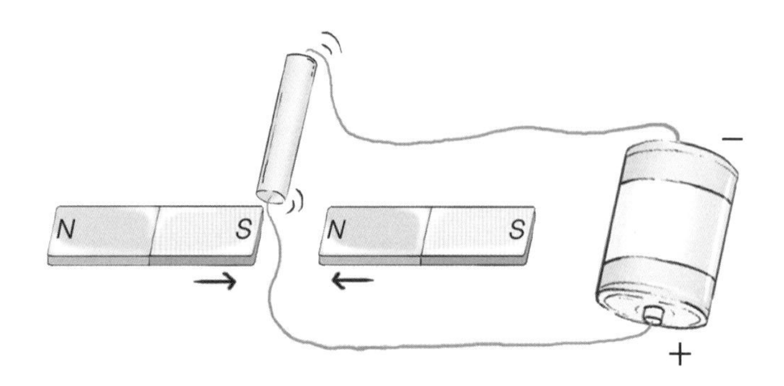

더 높이 올라갔군요. 이것은 쇠막대가 더 큰 힘을 받았다는 것을 뜻합니다.

왜 쇠막대는 더 큰 힘을 받았나요?

두 자석이 가까워졌기 때문입니다. 자석이 가까워지면 자석의 힘이 더 세져 쇠막대가 더 큰 힘을 받게 되는 것이지요.

자석 사이의 거리는 그대로 두고 쇠막대에 더 센 전류가 흐르면 어떻게 될까요?

패러데이는 두 자석을 다시 원래 위치에 놓고 쇠막대에 건전지를 더 많이 연결하여 쇠막대에 흐르는 전류를 세게 했다.

그러자 쇠막대가 더 높이 올라갔다.

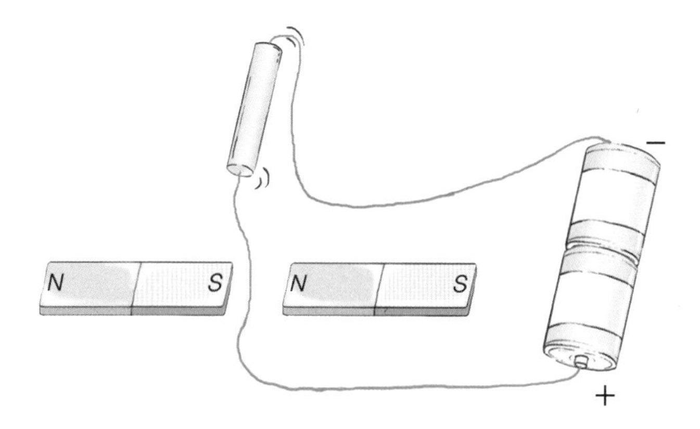

이번에는 자석 사이의 거리는 달라지지 않았으므로 자석의 힘의 크기는 그대로입니다. 대신 쇠막대에 흐르는 전류의 세기만 달라졌습니다. 그런데 더 큰 힘이 작용했지요?

이것은 쇠막대에 흐르는 전류의 세기가 셀수록 쇠막대가 받는 힘이 커진다는 것을 뜻합니다.

스크루가 없는 배

노를 뒤로 저으면 배가 앞으로 가지요?

이것은 노를 뒤로 저어 강물에 힘을 작용하면 강물도 같은

크기의 힘으로 노를 앞으로 밀기 때문입니다. 이렇게 강물이 미는 힘으로 배는 앞으로 나아가지요.

조금 더 큰 배는 스크루를 사용합니다. 스크루는 배의 뒤에 붙어 있는 프로펠러를 말하지요. 프로펠러를 돌려 물을 밀어내면 물이 배를 같은 힘으로 밀어 주기 때문에 배가 앞으로 나아가지요.

이렇게 배가 앞으로 가기 위해서는 뒤쪽으로 물을 밀어내야 합니다. 그러므로 전류가 자석 속에서 받는 힘을 이용하여 스크루 없이 움직일 수 있는 배를 만들 수 있습니다.

이 배의 원리는 간단합니다. 그림과 같이 배의 뒤에 강한

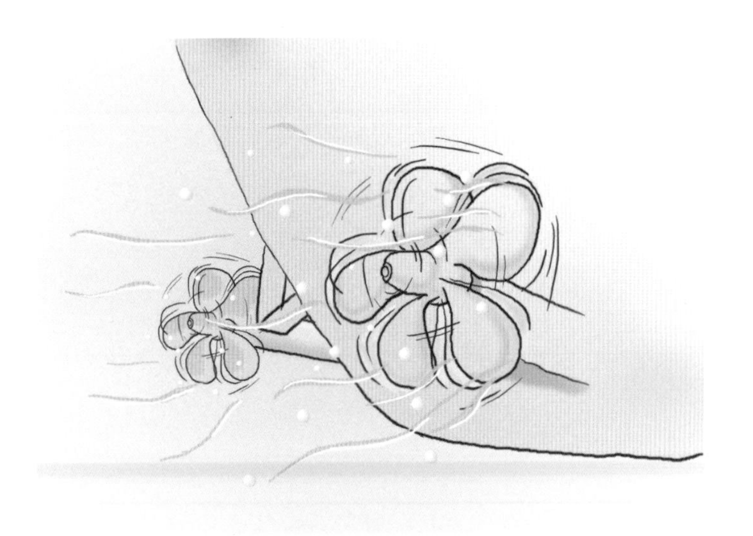

자석을 붙입니다. 그리고 배의 뒤쪽에서 전류를 화살표 방향으로 흘려 보내면 이때 전류가 받는 힘의 방향은 배의 뒤쪽을 향하게 됩니다. 이 힘으로 배가 물을 밀면 물이 배를 같은 크기의 힘으로 밀어 배가 앞으로 나아가므로, 이 배는 스크루가 필요 없게 되지요.

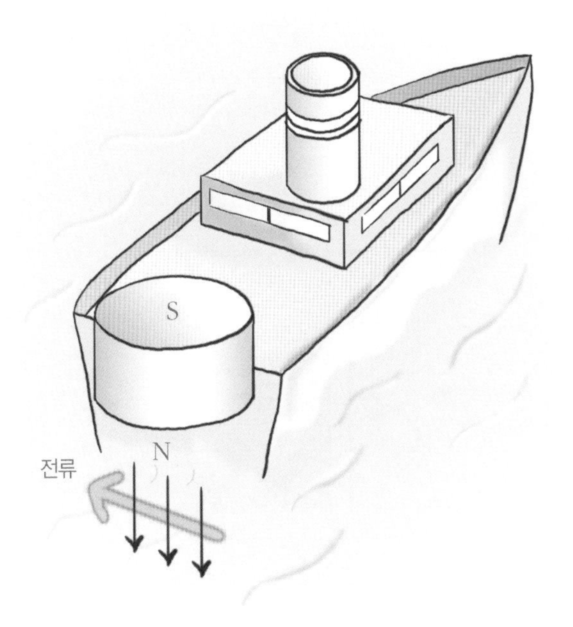

만화로 본문 읽기

서로 같은 방향으로 전류가 흐르는 두 철사 사이에는 서로를 당기는 힘이 작용하는 것 같아요.
서로 다른 방향으로 전류가 흐르면 서로 미는 힘이 작용하고요.

맞아요. 이번에는 전류가 흐르는 쇠막대가 주위에 자석이 있을 때 어떻게 움직이는지에 대해 알아봅시다.
네!

쇠막대가 위로 올라가지요? 이것은 쇠막대가 위쪽으로 힘을 받았다는 것입니다 .

전류의 방향을 나타내는 화살표에서 자석의 N극에서 S극으로 향하는 화살표 방향으로 오른손을 감아쥐었을 때 엄지손가락이 가리키는 방향이 바로 쇠막대가 받는 힘의 방향입니다.

자, 이때 자석을 가까이 하면 더 많이 올라갑니다.
아, 자석이 가까워져서 쇠막대가 더 큰 힘을 받는군요.
그럼 전류를 더 세게 흐르게 하면 어떻게 되나요.

지금처럼 쇠막대는 자석의 힘뿐 아니라 건전지의 세기에도 영향을 받는다는 것을 알 수 있지요.
그렇군요.

일곱 번째 수업 7

전동기의 회전력은 어떻게 발생할까요?

전동기는 어떤 힘에 의해 돌아갈까요?
전동기가 회전하는 원리를 알아봅시다.

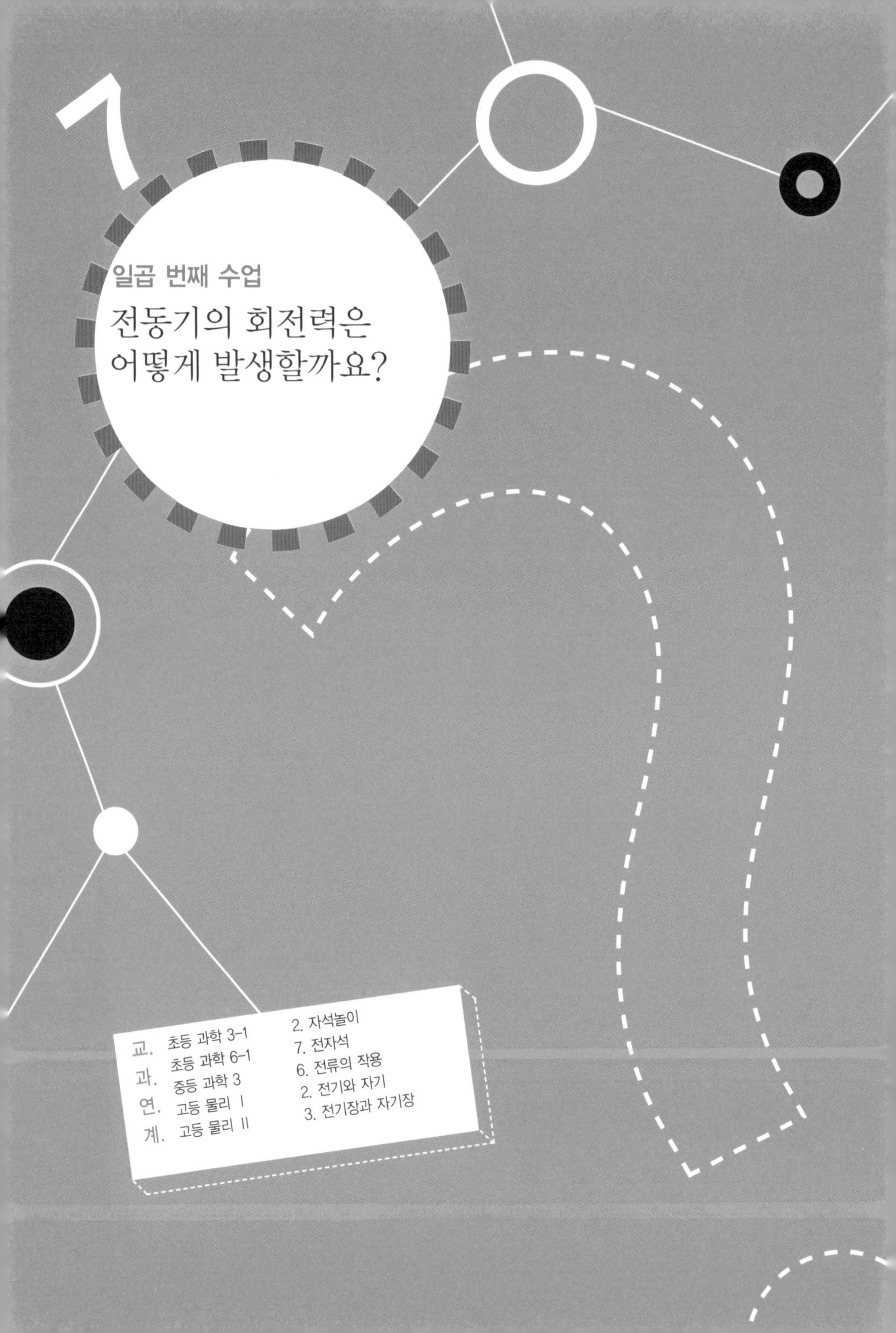

7

일곱 번째 수업

전동기의 회전력은 어떻게 발생할까요?

교. 과. 연. 계.

초등 과학 3-1	2. 자석놀이
초등 과학 6-1	7. 전자석
중등 과학 3	6. 전류의 작용
고등 물리 I	2. 전기와 자기
고등 물리 II	3. 전기장과 자기장

패러데이가 휴대용 선풍기를 가지고 와서 일곱 번째 수업을 시작했다.

오늘은 우리가 많이 사용하는 전동기의 원리에 대한 수업을 하겠습니다.

패러데이는 조그만 휴대용 선풍기를 가지고 왔다.
패러데이가 스위치를 누르자 날개가 힘차게 돌아갔다.

선풍기 속에 전동기가 있다는 것은 잘 알고 있지요? 전동기에 건전지를 연결하면 전동기가 빙글빙글 회전합니다. 그래서 전동기에 달려 있는 날개가 돌아가는 것이 바로 선풍기이지요.

전동기의 원리

전동기가 왜 회전하는지 그 원리에 대해 알아봅시다.

패러데이는 2개의 막대자석 사이에 사각형의 회로를 넣어 전류를 흘려 보냈다. 그러자 사각형의 회로가 자석 사이에서 회전했다. 학생들은 신기한 듯 바라보았다.

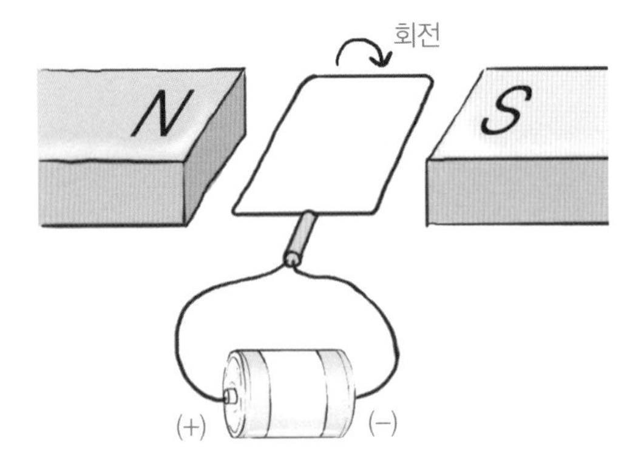

자석 사이에서 사각형의 회로가 돌지요? 이게 바로 전동기입니다. 이때 자석의 N극에서 S극으로 향하는 방향은 오른쪽 방향입니다. 사각형 회로의 왼쪽 부분에서 전류가 흐르는 방향은 안으로 들어가는 방향이므로 이 부분이 받는 힘의 방향은 아래쪽이 됩니다.

또한 사각형 회로의 오른쪽 부분에서 전류가 흐르는 방향은 앞으로 나오는 방향이므로 이 부분이 받는 힘의 방향은 위쪽입니다.

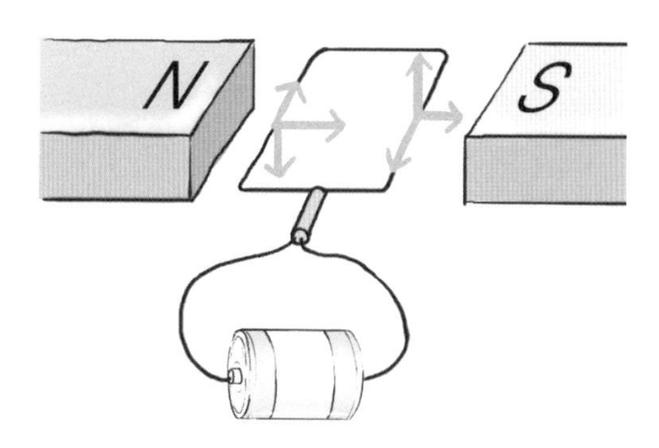

그러므로 왼쪽 부분은 아래로 내려가고 오른쪽 부분은 위로 올라가므로 사각형의 회로는 시계 반대 방향으로 회전합니다. 이 원리를 이용하여 사각형의 회로를 빙글빙글 돌게 하는 것이 바로 전동기입니다.

전동기에 여러 개의 건전지를 일렬로 연결하면 어떻게 될까요? 실험해 보죠.

패러데이는 사각형의 회로에 건전지를 여러 개 연결했다.

그러자 사각형의 회로는 더욱 빠르게 회전했다.

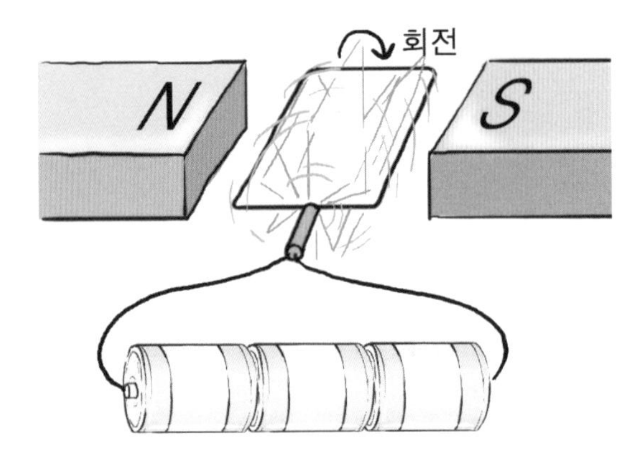

건전지를 여러 개 연결하면 사각형의 회로에 흐르는 전류가 세집니다. 이렇게 센 전류가 흐르면 자석에 의해 더 큰 힘을 받으므로 더 빠르게 돌게 됩니다.

또한 강한 자석을 사용하면 사각형의 회로가 받는 힘이 더 강해지므로 회로가 더 빠르게 회전합니다.

간단한 전동기 만들기

간단하게 전동기를 만들어 봅시다. 다음과 같은 순서대로 따라해 보세요.

패러데이는 필름 통에 에나멜선을 지름이 약 3cm가 되도록 5번 감았다.

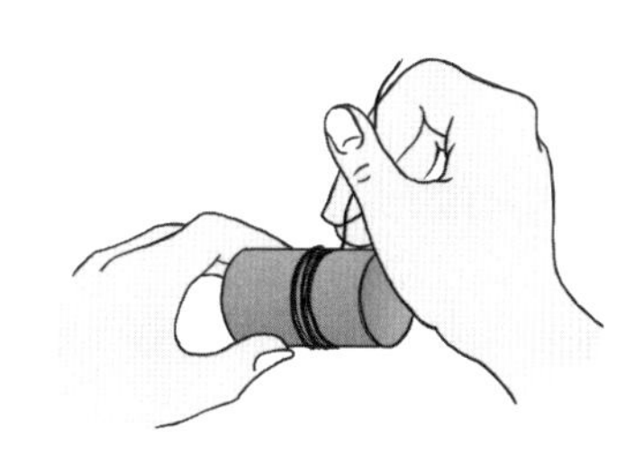

감은 에나멜선을 필름 통에서 빼내어 풀리지 않도록 원의 양쪽에서 한 번씩 감은 후 3cm 정도의 길이가 되도록 잘랐다.

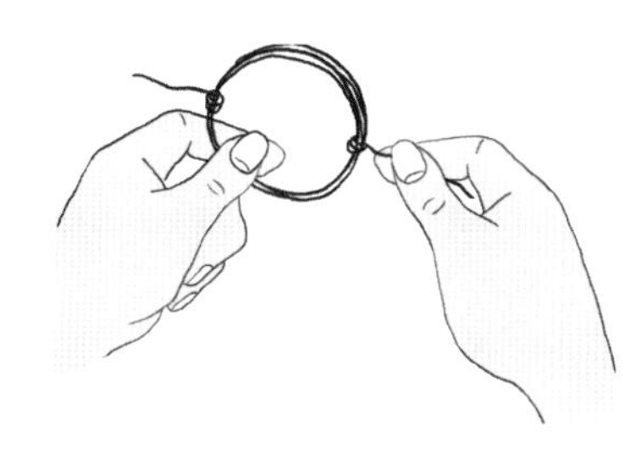

에나멜선의 양끝을 2cm 정도 벗겨 냈다. 이때 왼쪽은 완전히 벗겨 내고 오른쪽은 절반만 벗겨 냈다.

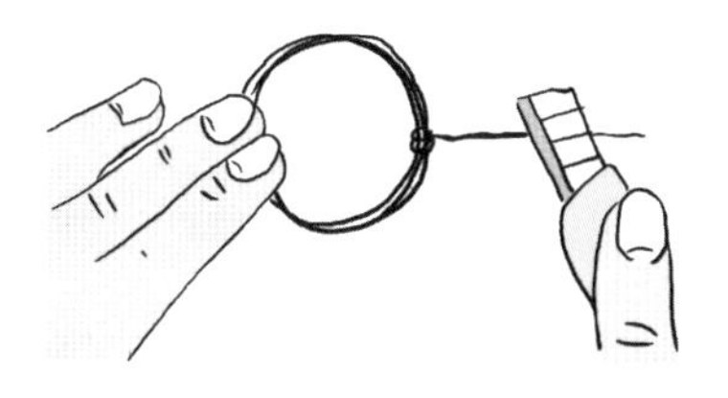

클립으로 받침대를 만들어 셀로판테이프로 바닥에 고정했다.

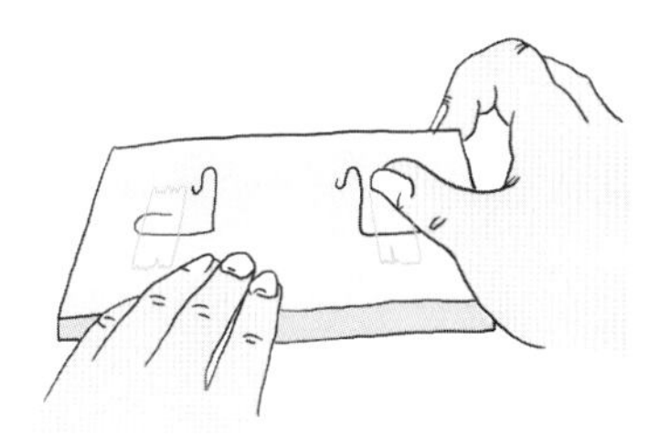

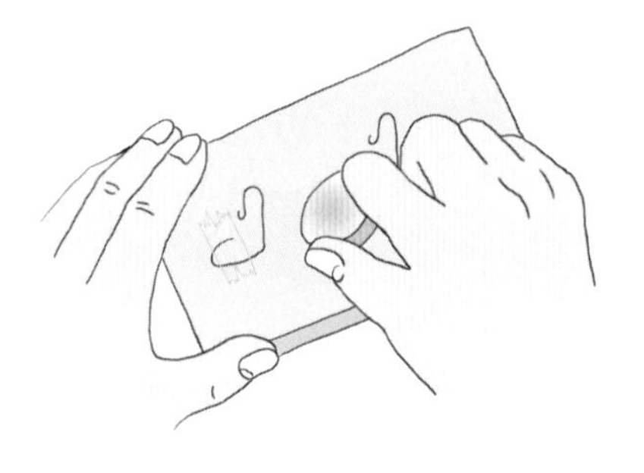

받침대 사이에 동그란 자석을 놓았다.

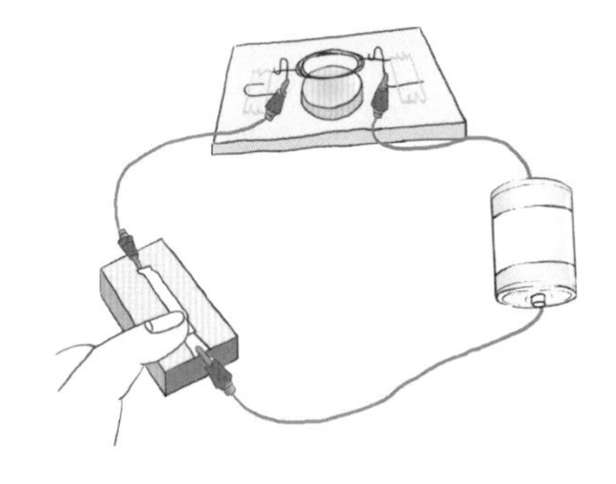

받침대에 건전지와 스위치를 연결하고 둥글게 감긴 에나멜선을 받침대에 놓았다,

자! 이제 스위치를 닫아 보겠어요.

패러데이가 스위치를 닫자 둥글게 감긴 에나멜선이 받침대 위에서 빙글빙글 돌았다.

왜 오른쪽 에나멜선은 절반만 에나멜을 벗겼을까요? 이것은 감긴 에나멜선이 도는 방향이 바뀌는 것을 막기 위해서입니다.

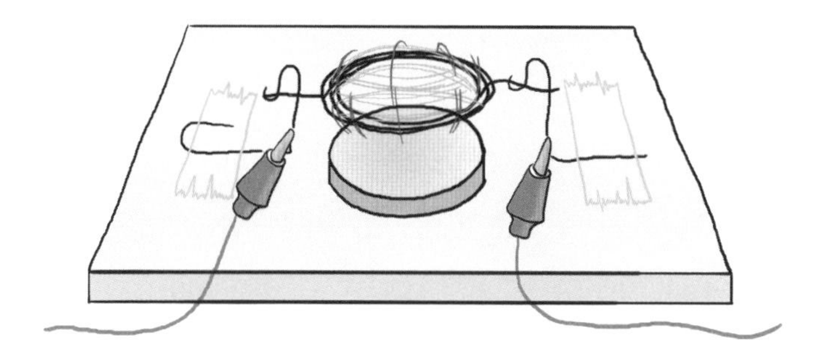

만일 오른쪽 에나멜선의 에나멜도 전부 벗겨 내면 감긴 에나멜선이 반 바퀴를 돈 다음에 에나멜선이 받는 힘의 방향이 바뀌게 됩니다. 그래서 에나멜선이 반대 방향으로 돌게 되지요.

하지만 오른쪽 에나멜선의 에나멜을 절반만 벗기면 에나멜을 벗긴 부분이 받침대에 닿았을 때 에나멜선은 반 바퀴를 회전합니다. 그러면 오른쪽 에나멜선의 에나멜을 벗기지 않은 부분이 받침대에 닿아 더 이상 에나멜선에 전류가 흐르지 않습니다. 에나멜이 전류를 흐르지 않게 하기 때문이지요. 하지만 에나멜선은 회전을 하던 성질이 있어 전류가 끊어진 후에도 계속 회전을 합니다. 이렇게 반 바퀴를 전류의 힘 없이 회전한 후에는 다시 에나멜을 벗긴 부분이 받침대에 닿아 전류가 흘러 같은 방향으로 계속 돌게 되지요.

전동기를 사용하는 곳

전동기는 어디에 사용할까요?

가장 간단한 것은 선풍기입니다. 또한 세탁기도 전동기를 사용하지요. 그 외에도 진공청소기, 냉장고, 머리 말리개, 에어컨에도 전동기가 사용됩니다.

또, 남학생들이 많이 가지고 노는 장난감 자동차에도 전동기가 들어 있지요.

전동기의 발명

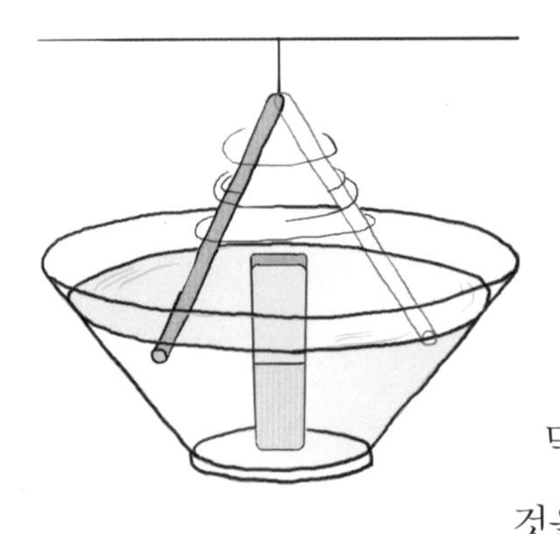

전동기를 처음 발명한 사람은 영국의 물리학자인 나, 패러데이입니다. 1821년 나는 고정된 자석 주위에 있는 전류가 흐르는 막대가 빙글빙글 돌아간다는 것을 처음 발견했지요.

하지만 나의 전동기는 지금 우리가 사용하는 전동기와 달리 자석 주위를 빙글빙글 돌기만 할 뿐 어떤 기계를 회전시키는 일은 하지 않았습니다. 기계를 돌리는 최초의 전동기는 1831년 미국의 헨리가 발명했습니다.

만화로 본문 읽기

건전지만 넣었을 뿐인데 어떻게 자동차가 달릴 수 있는 건가요?
위잉~
그건 자동차 안에 모터가 들어 있기 때문이에요.

전동기의 원리에 대해 설명 좀 해 주세요.
모터, 즉 전동기는 전기 에너지를 운동 에너지로 바꿔 주는 장치죠.
전기 에너지 ⟹ 운동 에너지

그럼 간단한 실험으로 알려 줄게요.
두 개의 자석 사이에 사각형의 회로가 놓여 있군요.
N
S

전류를 흘려 보내니까 사각형의 회로가 돌지요? 이게 바로 전동기예요.
그렇군요.
N
S

이때 자석의 N극에서 S극으로 향하는 방향은 오른쪽 방향이에요. 사각형 회로의 왼쪽 부분 전류의 방향은 안으로 들어가는 방향이라서 이 부분이 받는 힘의 방향은 아래쪽이 되지요.
N
S

또한 사각형 회로의 오른쪽 부분 전류의 방향은 앞으로 나오는 방향이라서 이 부분이 받는 힘의 방향은 위쪽이 되지요.
아~, 이제 좀 알겠어요.
N
S

여덟 번째 수업

8

자석이 전류를 만들어요

자석을 고리 모양의 회로에서 움직이면 전류가 생깁니다.
자석이 전류를 만드는 원리를 알아봅시다.

8

여덟 번째 수업

자석이 전류를 만들어요

교.	초등 과학 3-1	2. 자석놀이
과.	초등 과학 6-1	7. 전자석
연.	중등 과학 3	6. 전류의 작용
계.	고등 물리 I	2. 전기와 자기
	고등 물리 II	3. 전기장과 자기장

패러데이가 실험실에서 여덟 번째 수업을 시작했다.

우리는 앞에서 전류가 흐르면 주위의 자석이 힘을 받는다는 것을 배웠습니다. 그렇다면 반대로 자석이 전류를 흐르게 할 수는 없을까요? 나는 외르스테드의 발견 이후에 이 문제에 관심을 가졌습니다.

이제 내가 한 실험들을 여러분들과 함께 해 보겠습니다.

패러데이는 건전지가 연결되지 않은 회로에서 전선의 일부를 고리 모양으로 만들었다. 그 회로에는 작은 전구가 연결되어 있었다.

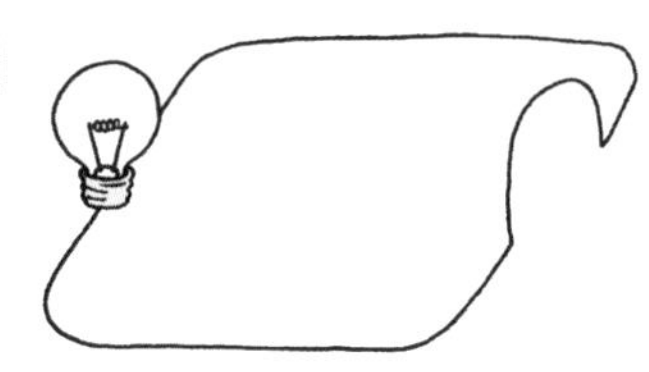

이 회로에 전류가 흘렀나요?

__흐르지 않았습니다.

그렇죠. 전구에 불이 들어오지 않았지요? 이 회로는 건전지가 없으니까 회로에 전류가 흐를 리가 없지요.

패러데이는 고리 근처에 막대자석을 놓아 두었다. 하지만 전구는 여전히 켜지지 않았다.

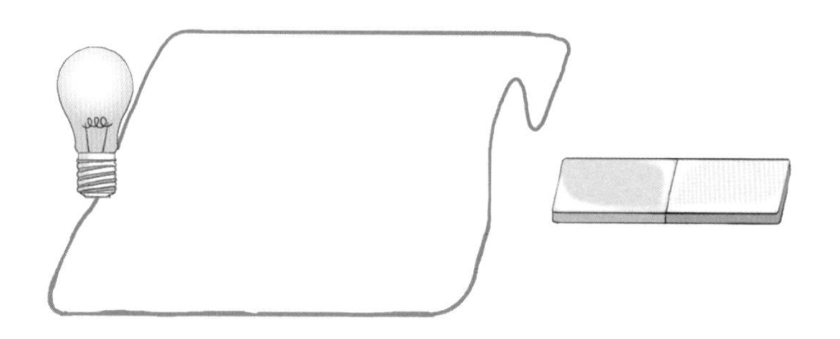

고리 앞에 자석이 있어도 전류는 흐르지 않는군요.

이제 이 회로에 전류가 흐르게 하겠습니다.

패러데이는 고리 안으로 막대자석의 N극을 밀어 넣었다.

순간 전구에 불이 들어왔다. 학생들은 모두 놀란 얼굴이었다.

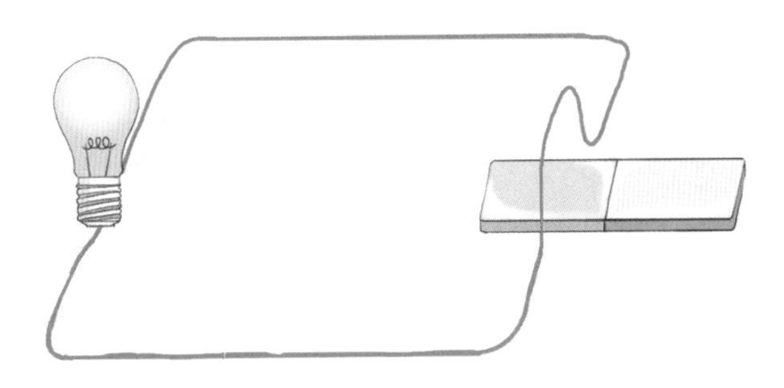

내가 마술을 부렸나요? 이것은 마술이 아니라 내가 처음 발견한 현상입니다. 고리 모양의 회로에 자석을 밀어 넣으면 회로에 전류가 흐르지요. 건전지가 없는데 회로에 전류가 흐른다는 사실이 정말 신기하지요? 나도 1831년 이 현상을 처음 발견하고 엄청 놀랐지요.

자석이 고리 안으로 들어오면 자석의 힘이 강해지지요? 거리가 가까워지니까요. 그럼 반대로 자석의 힘이 약해지면 전구에 불이 들어올까요?

패러데이는 고리 안에 들어가 있는 막대자석을 고리 밖으로 움직였다. 순간 전구에 불이 들어왔다.

역시 회로에 전류가 흐르는군요. 그러니까 자석이 고리 안으로 들어오면서 자석의 힘이 강해져도, 또 자석이 고리에서

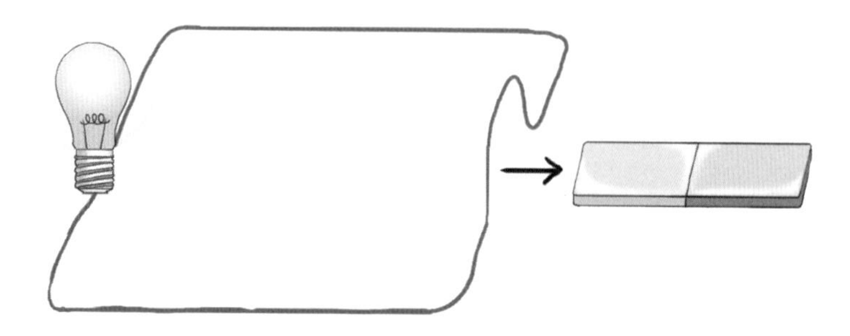

멀어지면서 자석의 힘이 약해져도 회로에는 전류가 생깁니다. 아하! 그러니까 고리에 작용하는 자석의 힘의 크기가 달라지면 회로에 전류가 흐르는군요.

전기 그네

그럼 자석은 그대로 있고 고리가 움직이면 어떻게 될까요?

패러데이는 막대자석을 고정하고, 고리가 있는 회로를 자석 쪽으로 가까이 가져갔다. 전구에 불이 들어왔다.

역시 전류가 흐르는군요. 이것을 이용한 것이 전기 그네입니다.

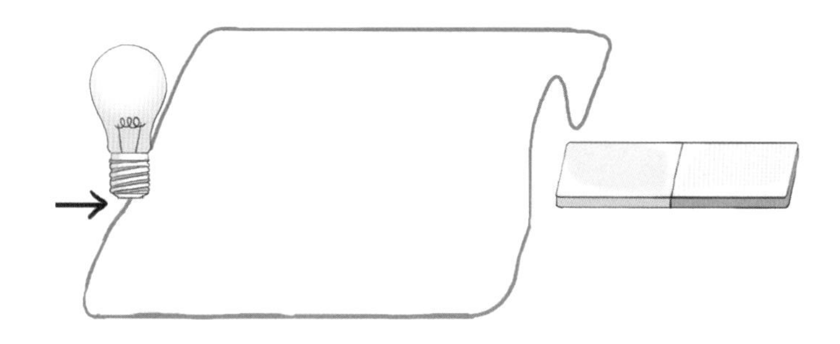

전기 그네는 다음 그림과 같이 에나멜선으로 직사각형의 고리를 만들어 이를 말굽자석 사이에 끼운 것이지요. 이때 고리를 흔들어 그네처럼 움직이게 하면 회로에 전류가 흐르지요.

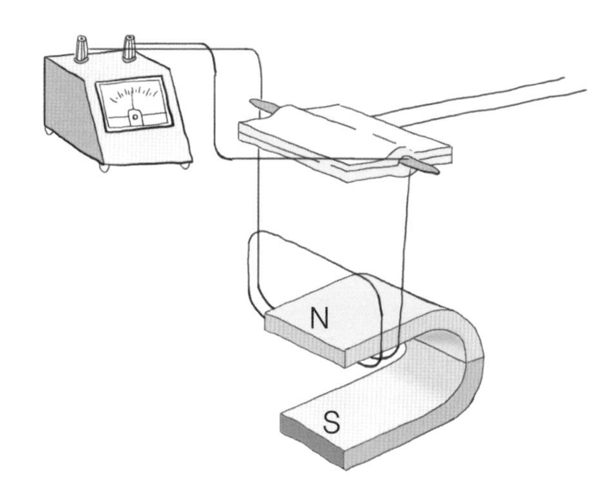

전자석이 만드는 전류

앞선 실험을 막대자석 대신 전자석으로 해 봅시다.

패러데이는 고리가 있는 회로 앞에 전자석을 놓았다.

전자석은 스위치가 열려 있어 아직 자석의 성질이 없었다.

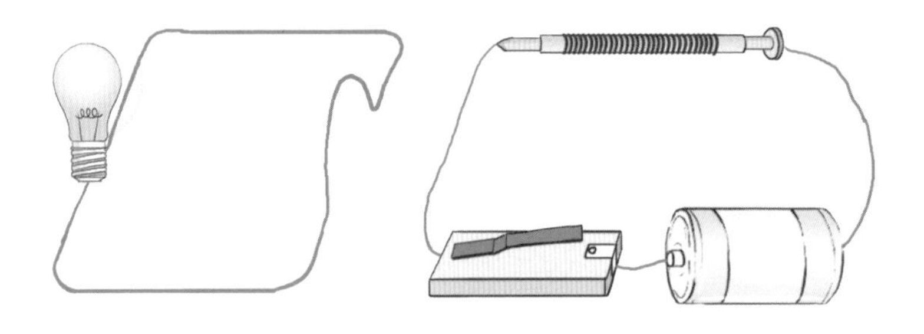

전구에 불이 안 들어왔지요? 고리 앞에 있는 전자석이 자석의 성질을 가지고 있지 않으니까요.

이제 전구에 불이 들어오게 해 보죠.

패러데이는 전자석의 스위치를 닫았다. 그러자 전구에 불이 들어왔다.

이번에는 전자석이 고리 안으로 가까이 가거나 멀어지지

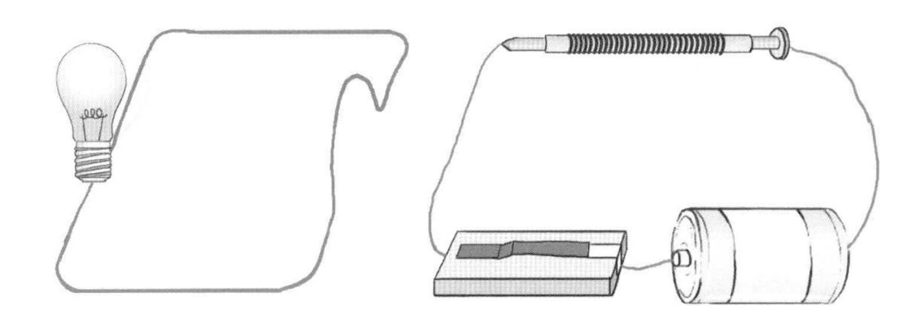

않았는데, 왜 회로에 전류가 흘렀을까요?

그것은 고리 앞에 있는 전자석이 만드는 자석의 힘의 크기가 달라졌기 때문입니다. 처음 전자석의 스위치가 열려 있을 때는 자석의 힘이 없다가 스위치를 닫으면 자석의 힘이 생겼으므로 고리 앞에서 자석의 힘이 달라졌습니다. 그래서 회로에 전류가 흐르게 된 것이지요.

만화로 본문 읽기

음~,
가능할 것 같은데….
무슨 고민을 그렇게 열심히 하고 있나요?

저번에 전류가 흐르면 주위의 자석이 힘을 받는다는 것을 알려 주셨잖아요. 그렇다면 반대로 자석이 전류를 흐르게 할 수도 있지 않을까요?
훌륭한 생각이군요. 그것은 내가 처음 발견한 현상이에요.
N
S

정말이요? 자세히 설명 좀 해 주세요.
이 실험은 예전에 내가 한 실험이에요. 잘 보세요.
N
S

고리 앞에 자석이 있어도 전류는 흐르지 않아요. 하지만 고리 안으로 자석의 N극을 밀어 넣으면 전구에 불이 들어오지요.
건전지가 없는데 회로에 전류가 흐르니까 신기해요.
반짝
N
S

반대로 고리 안에 들어가 있는 막대자석을 고리 밖으로 빼면 어떻게 될까요?
역시 전구에 불이 들어오네요.
반짝
N

이처럼 고리 안으로 자석을 넣었다 뺐다 하면 고리에 작용하는 자석 힘의 크기가 달라지고 이 때문에 회로에 전류가 흐른답니다.
와~,
꼭 마술 같아요.
전류 발생
N
S

마 지 막 수 업

발전기의 원리

발전이란 무엇일까요?

발전기가 돌아가는 원리에 대해 알아봅시다.

9

마지막 수업

발전기의 원리

교.	초등 과학 3-1	2. 자석놀이
과.	초등 과학 6-1	7. 전자석
연.	중등 과학 3	6. 전류의 작용
계.	고등 물리 I	2. 전기와 자기
	고등 물리 II	3. 전기장과 자기장

패러데이가 아쉬워하며 마지막 수업을 시작했다.

오늘은 발전기의 원리에 대해 알아보겠어요. 발전이란 전기를 만드는 것을 말하지요.

패러데이는 어두운 밤에 학생들을 데리고 운동장으로 나갔다. 그리고 자전거를 탔다. 자전거가 달리자마자 자전거 앞에 붙어 있는 전구에 불이 켜졌다.

내가 전구의 스위치를 켜지도 않았는데, 왜 전구에 불이 들어왔을까요? 이것은 자전거 바퀴가 돌면서 스스로 전기를 만

들어 냈기 때문입니다.

자전거 바퀴 속에는 다음과 같은 발전기가 전구와 연결되어 있습니다.

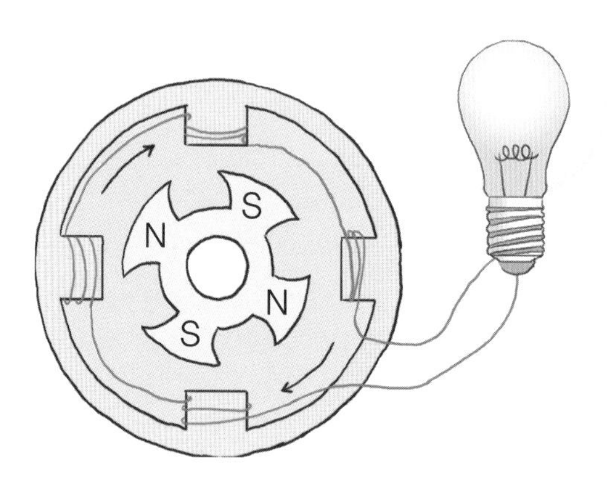

그러니까 바퀴가 회전할 때마다 안에 있는 자석들이 고리 사이를 돌게 되지요. 고리 앞에서 자석이 움직이면 고리에 전류가 흐른다고 했지요? 그러니까 바퀴가 돌면서 자석들이 회전하기 때문에 전구에 전류가 흘러 불이 들어오는 거죠. 이때 자전거가 빨리 달릴수록 더 많은 전기가 만들어지므로 전구가 더 밝아집니다.

우리는 지난 시간에 자석이 고리 앞에서 움직일 때뿐만 아니라 고리가 자석 앞에서 움직여도 회로에 전류가 흐른다는 것을 확인했습니다.

이 방법을 이용한 것이 바로 우리가 흔히 사용하는 발전기입니다. 원리는 간단합니다.

패러데이는 두 자석 사이에 사각형 모양의 고리를 놓고 꼬마전구를 연결했다. 사각형 모양의 고리를 돌리자 꼬마전구에 불이 들어왔다.

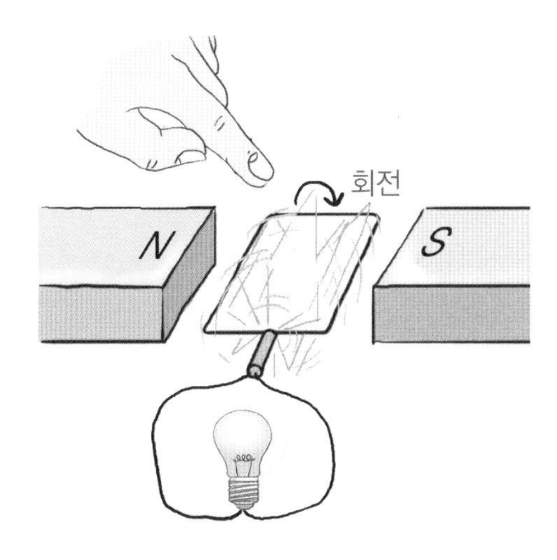

이것이 바로 발전기입니다. 자석 앞에서 고리가 움직여서 고리에 전류가 흐른 것이지요.

그런데 발전기와 전동기의 모습이 비슷하군요.

그렇습니다. 전동기는 자석 안에서 고리에 전류를 흘려 보면 고리가 회전하는 장치이고, 발전기는 고리를 자석 안에서

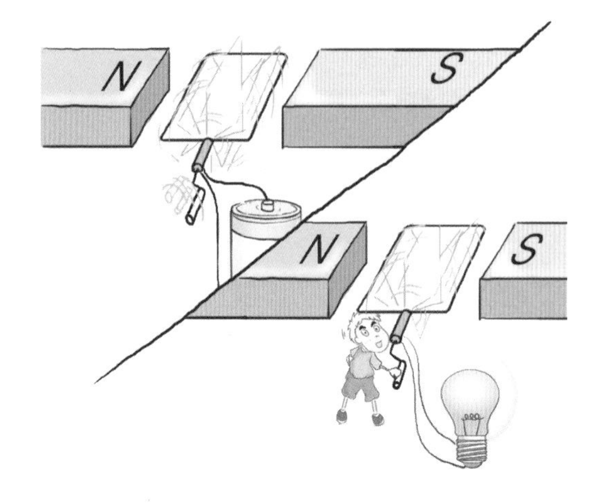

회전시키면 전류가 발생하는 장치입니다.

그러니까 발전기란 어떤 방법을 이용하든 고리를 회전시키는 장치입니다. 수력 발전은 높은 곳에서 떨어지는 물의 힘으로, 화력 발전은 석탄이나 석유를 태운 증기의 힘으로 고리를 회전시키지요. 또한 풍차처럼 바람의 힘으로 고리를 회전시켜도 전기를 얻을 수 있습니다.

직류와 교류

전류에는 2종류가 있습니다.

우리가 건전지를 이용하여 얻는 전류는 회로를 따라 한 방향으로 흐르는데, 이런 전류를 직류라고 부르지요.

패러데이는 건전지에 전구를 연결했다. 전구에 불이 들어왔다.

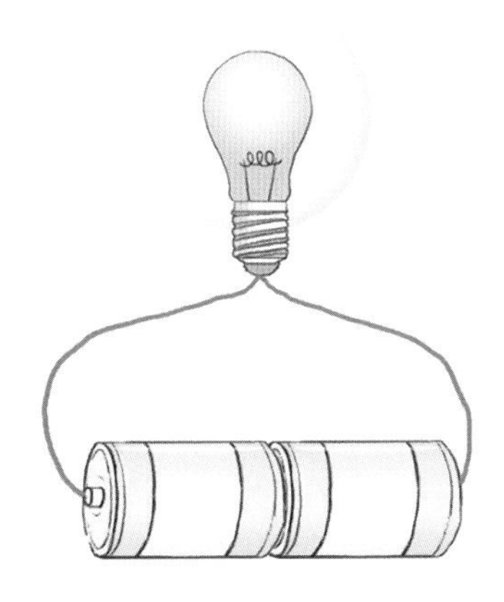

이 회로에서 전류는 건전지의 (+)극에서 나와 (−)극으로 흘러 들어갑니다. 그러므로 회로를 따라 전류가 한 방향으로 흐르지요.

하지만 집으로 들어오는 전기는 전류의 방향이 반복적으로 바뀌는데, 이런 전류를 교류라고 부르지요. 교류는 다음과 같습니다.

패러데이는 건전지를 교대로 바꾸어 연결했다. 그래도 여전히 전구에 불이 들어왔다.

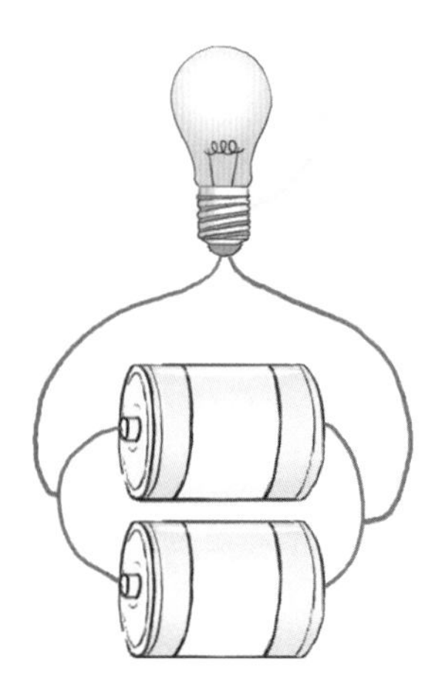

건전지의 방향이 바뀌어도 불은 여전히 들어오지요? 그러니까 전구에 불이 들어오는 데는 교류이든 직류이든 상관이 없습니다.

직류와 교류의 싸움

내가 발전기를 발명한 후 사람들은 이를 이용하여 많은 곳으로 발전기에서 만든 전기를 보내는 방법을 연구했습니다. 가장 유명한 두 사람은 미국의 에디슨과 웨스팅하우스입니다.

에디슨(Thomas Edison, 1847~1931)은 발전소를 100개 이상 만들어 직류의 전기를 사람들에게 공급했습니다. 하지만 웨스팅하우스(George Westinghouse, 1846~1914)는 교류의 전기를 사람들에게 공급했지요. 이렇게 하여 전기를 보내는 방법에 대한 두 사람의 갈등은 심해졌지요.

발전소의 전기를 직류로 보내는 경우, 전기줄을 통해 많은 전기가 빠져나가기 때문에 발전소가 집에서 가까워야 했지요. 그것은 작은 도시마다 발전소를 건설해야 하는 어려움을 낳았습니다.

반면 교류로 보낼 경우, 발전소에서 만든 전기를 변압기를 통해 아주 높은 전압으로 전선에 흘려 보낼 수 있었습니다.

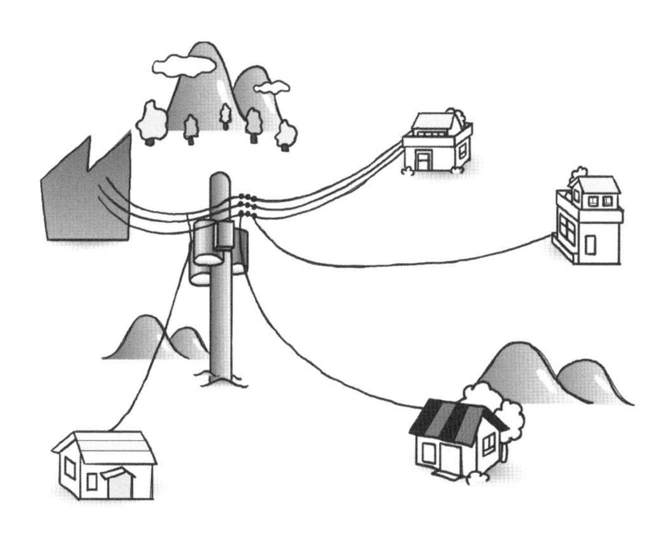

이렇게 높은 전압으로 전류를 보내면 전선을 통해 전기가 잘 새 나가지 않으므로 아주 먼 거리까지 전기를 보낼 수 있었습니다. 이렇게 높은 전압으로 온 전기를 집 근처에서 다시 변압기를 이용하여 전압을 안전한 수준으로 낮추어 공급할 수 있었지요.

결국 직류와 교류의 싸움은 발전소에서 먼 거리까지 전기를 공급할 수 있는 교류의 승리로 끝이 났습니다.

부 록

코난과 유령의 집

이 글은 저자가 창작한 과학 동화입니다.

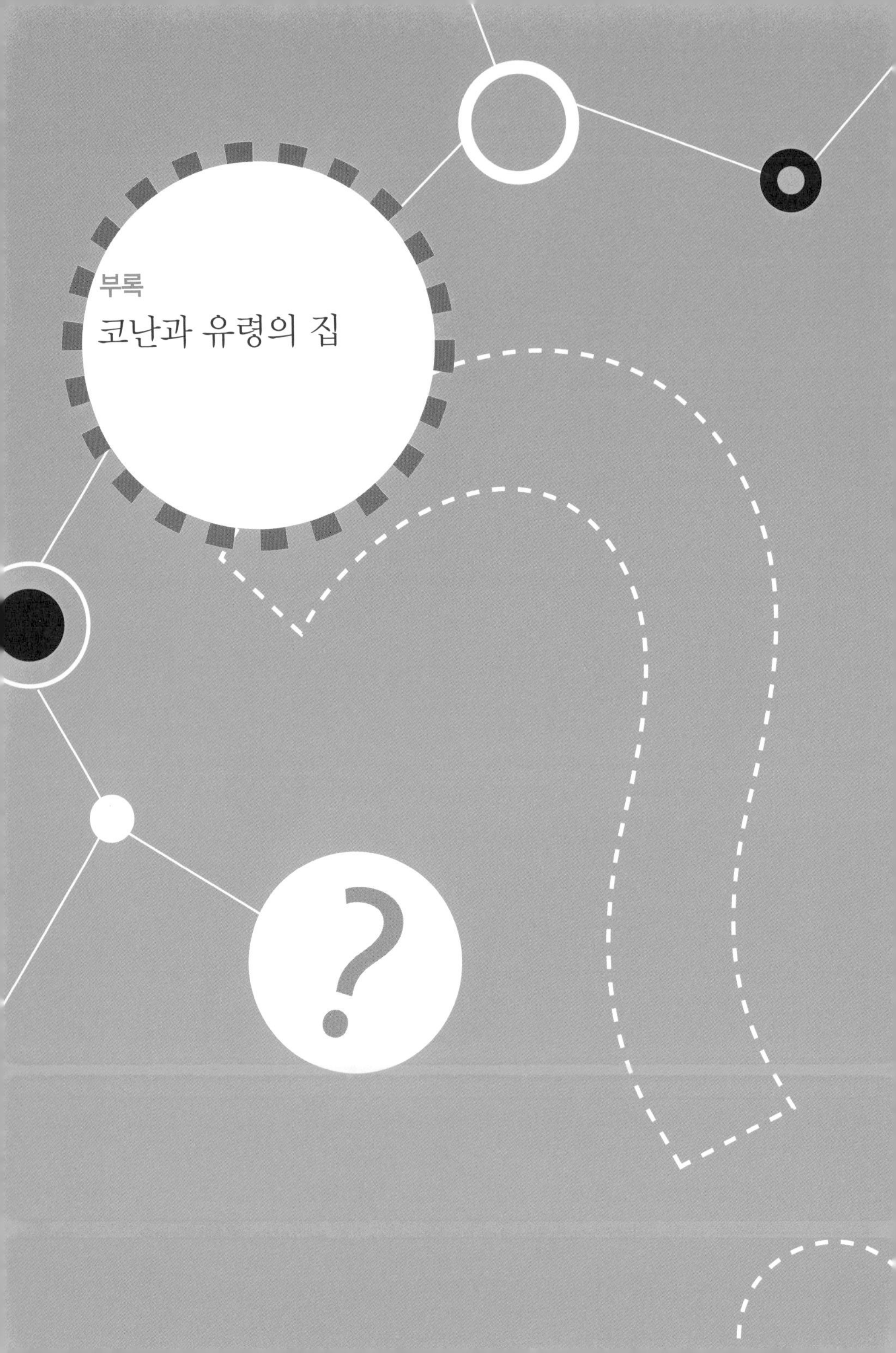

부록

코난과 유령의 집

조용한 시골 마을 인듀스에
코난이라는 이름의 과학 소년이
살고 있었습니다.

코난은 어릴 때 부모님이 교통사고로 돌아가셔서 잭 할아버지와 함께 인듀스 마을에서 살고 있었습니다.

"코난! 할아버지는 버섯을 캐러 뒷산에 갔다 올게."

할아버지는 광주리를 들고 밖으로 나갔습니다.

이 마을 사람들은 산에서 자라는 버섯을 캐어 이웃에 있는 패러시티라는 도시에 팔아 살아가고 있었습니다.

그러던 어느 날 밤, 인듀스 마을의 모든 집에 불이 꺼졌습니다.

"어떻게 된 거지? 아직 9시가 되려면 멀었는데……."

인듀스 마을은 정부 보조로 패러시티의 발전소에서 공급받는 전기로 저녁 9시까지만 불을 켤 수 있었거든요.

그날 밤 마을 사람들은 불이 꺼져 모두 일찍 자는 수밖에 없었습니다. 코난은 그날 밤새워 읽으려던 과학 책이 있었지만 어두워져 포기했지요.

다음 날 사람들은 광장에 모두 모였습니다.

"보안관! 전기는 어떻게 된 거요?"

마을 사람이 물었습니다.

"9시까지는 전기를 공급하기로 했잖아?"

마을 사람들은 모두 전기가 끊긴 것에 대해 흥분하고 있었

습니다.

그러자 세인 보안관이 말했습니다.

"여러분! 내 말 좀 들어보세요. 여러분이 생각하는 것처럼 패러시티에서 전기를 공급하지 않은 것은 아닙니다. 패러시티 발전소에서 오는 전기는 산을 타고 전선을 거쳐 우리 마을로 들어옵니다. 어제 비가 너무 많이 와서 산사태가 일어나는 바람에 전봇대 몇 개가 흙더미 속에 묻히면서 전깃줄이 끊어진 것입니다. 전기는 전선을 통해 이동하는데 전선이 끊어졌으니까 우리 마을로 전기가 공급되지 않았던 거예요."

"그럼 언제쯤 전기를 다시 사용할 수 있는 거죠?"

앤 아줌마가 물었습니다.

"패러시티 발전소 사람들 말로는 한 달쯤 걸린다고 합니다."

마을 사람들이 다시 웅성거렸습니다. 하지만 전기가 끊긴 것은 이번뿐만은 아니었습니다. 인듀스 마을로 이어지는 길은 너무 험준하고 또 인듀스 마을은 바람이 너무 심하게 불어 전선이 견디기 힘들었기 때문이지요. 그날도 바람이 너무 세게 불었습니다.

"우리 마을 스스로 전기를 만들어요."

코난이 주장했습니다.

모두 놀란 눈으로 코난을 쳐다보았습니다.

"어린아이가 끼어들 자리가 아니야."

마을 사람들이 말했습니다.

"가만! 코난은 우리 마을이 낳은 과학 천재 소년입니다. 조

금 더 들어보기로 하지요."

세인 보안관이 말했습니다.

세인 보안관은 코난을 매우 좋아합니다. 코난이 매우 영리하기 때문이지요.

"우리 마을은 항상 바람이 강하게 붑니다. 그걸 이용하여 전기를 만들면 돼요."

코난이 말했습니다.

"하하하! 바람으로 전기를 만든다고?"

마을 사람들은 비웃었습니다.

"자석 사이에 직사각형 모양의 고리가 돌아가면 고리에 전류가 생겨요. 이것이 바로 발전이지요. 수력 발전은 높은 곳에서 떨어지는 물로 돌리고, 화력 발전은 석유를 태워 나오는 증기의 힘으로 돌리지요. 그러니까 강한 바람으로 자석 사이에서 고리를 돌리면 전기를 만들 수 있습니다."

그날부터 코난은 집집마다 풍차를 만들어 주었습니다. 풍차가 바람의 힘으로 돌아가면서 전기가 만들어져 마을 사람들은 밤늦게까지 불을 켜 놓고 지낼 수 있게 되었습니다.

코난은 또한 동네 어린이들을 위해 장난감 자동차와 건전지를 만들어 주었습니다. 장난감 자동차 속의 전동기는 건전지를 연결하면 빙글빙글 돌면서 굴러가지요.

아이들은 코난이 만들어 준 장난감 자동차를 가지고 빨리 달리기 시합을 하면서 매일 재미있게 놀았습니다.

그러던 어느 날 일곱 살짜리 남자아이인 미키가 코난의 집으로 찾아왔습니다.

"형! 자동차가 언덕을 못 올라가?"

미키가 말했습니다.

"그게 무슨 말이지?"

코난은 언뜻 잘 이해가 되지 않았습니다.

"형이 만들어 준 자동차로 매일 경주 시합을 하다가 요새는 기울어진 도로를 더 잘 올라가는 게임으로 바꾸었거든. 그런데 자동차가 모두 비탈을 못 올라가. 그래서 재미가 없어."

코난은 미키를 따라갔습니다.

아이들은 자동차를 비탈 도로 아래에 놓았지만 자동차는

비탈을 올라가지 못하고 조금 올라갔다가 미끄러져 내려왔습니다.

"전동기가 너무 천천히 돌아서 그래."

코난이 설명했습니다.

"그럼 이 놀이는 못하는 거야?"

미키가 실망스러운 표정으로 말했습니다.

코난은 잠시 생각에 잠기더니 말했습니다.

"좋아! 언덕을 올라가는 자동차로 만들어 줄게."

"야호! 코난 형 최고!!"

아이들은 엄지손가락을 쳐들어 보이며 코난이 최고라는 표시를 했습니다.

코난은 아이들의 자동차 속에 있는 전동기를 모두 분해했습니다. 전동기는 자석 사이에 고리가 빙글빙글 도는 구조로 되어 있는데, 코난은 자석을 모두 뜯어 내고 다른 자석으로 바꾸어 주었습니다.

그 후 자동차는 기울어진 도로를 맘 놓고 올라갈 수 있게 되었습니다.

"자석을 바꾸면 왜 언덕을 올라갈 수 있는 거지?"

"언덕을 올라가려면 빨리 달려야 해. 그래야 언덕을 올라갈 수 있는 에너지가 생기거든. 그런데 전동기가 돌아가는 빠르기는 자석의 힘이 강할수록 더욱 빨라지거든. 그래서 좀 더 강한 자석으로 바꾸어 준 거야."

코난이 설명했습니다.

어느 날 코난의 친구 허크가 놀러왔습니다.

"코난! 유령의 집을 찾았어."

허크는 숨을 가쁘게 쉬며 말했습니다.

"유령이 어디 있다는 거야?"

코난이 물었습니다.

"뒷산에 아무도 살지 않는 허름한 집 있잖아? 그곳에 아이들이 갔다 왔는데 유령이 나온대."

"거긴 어른들이 가지 말라는 곳이잖아?"

코난은 왠지 유령의 집이 궁금해졌습니다.

“허크! 우리가 가 볼까?”

코난은 허크에게 제안했습니다.

“좋아!”

허크도 동의했습니다.

이렇게 하여 코난과 허크는 뒷산의 아무도 살지 않는 집으로 들어갔습니다.

문 앞에는 조그만 초인종이 붙어 있었습니다.

“딩동.”

초인종 소리가 울렸습니다.

“아무도 안 사는데 초인종이 왜 울리는 거지?”

허크가 조금 떨리는 목소리로 말했습니다.

"초인종은 건전지만 있으면 돼. 초인종을 누르면 전자석이 쇠로 된 울림판에 달라붙으면서 소리를 내는 거니까."

코난은 침착하게 말했습니다.

하지만 코난도 조금은 떨고 있었습니다. 아무도 응답하지 않자 두 사람은 조용히 문을 열고 들어갔습니다.

"너무 어두워."

허크가 말했습니다.

코난은 가지고 온 손전등을 켰습니다. 오랫동안 사람이 살지 않아 여기저기 오래된 가구들만 보였습니다.

"조심해!"

코난이 허크를 밀쳤습니다.

천장에서 쇠붙이들이 떨어졌기 때문이지요.

"쇠붙이가 왜 떨어졌지?"

코난은 궁금해졌습니다.

잠시 후 스피커에서 이상한 음악 소리가 울려 나왔습니다. 두 사람은 소리가 나는 곳으로 가 보았습니다. 그곳에는 두 개의 스피커가 달린 조그만 전축이 있었습니다.

코난은 전축을 이리저리 만지작거리더니 말했습니다.

"가만! 이 전축에는 CD가 없어. 그럼 이 음악 소리는 뭐지?"

코난은 이상한 생각이 들었습니다.

"그럼, 혹시 유령……?"

허크가 부들부들 떨면서 말했습니다.

음악 소리가 점점 커지기 시작했습니다.

"너무 무서워!"

허크가 소리쳤습니다. 결국 두 사람은 밖으로 나왔습니다. 밖에는 조그만 전기 자동차 한 대가 있었습니다. 두 사람은 차에 타고 시동을 걸었습니다. 순간 자동차는 앞으로 가지 않고 뒤로 달리기 시작했습니다.

"으악! 유령이다!"

허크가 비명을 질렀습니다.

두 사람은 차를 버리고 집으로 도망쳐 왔습니다.

다음 날 코난은 세인 보안관 아저씨와 함께 유령의 집으로 갔습니다.

코난은 먼저 전기 자동차의 배터리를 확인했습니다.

"뭐야? 거꾸로 연결되어 있잖아?"

코난이 소리쳤습니다.

"그게 무슨 말이지?"

세인 보안관이 물었습니다.

"전기 자동차는 전기를 이용하여 전동기를 돌리지요. 그런데 배터리를 반대 방향으로 끼우면 전동기가 반대 방향으로 돌게 돼요. 그러니까 우리가 앞으로 가려고 페달을 밟으면 오히려 뒤로 가게 되지요. 누군가 전기 자동차의 배터리를 반대 방향으로 넣어 둔 것이 틀림없어요."

코난은 이렇게 말하고 배터리를 바로 끼웠습니다. 그리고 차를 몰았습니다. 이번에는 차가 똑바로 앞으로 달렸습니다.

사람들은 코난의 말을 믿기 시작했습니다. 코난은 안으로

들어갔습니다. 그리고 어제 허크의 머리 위로 떨어진 쇠붙이들을 만져 보았습니다. 그리고 쇠붙이가 떨어진 천장을 올려다보았습니다.

"보안관 아저씨! 저 목말 좀 태워 주세요."

코난은 목말에 탄 채 돋보기로 천장을 이리저리 살펴보더니 말했습니다.

"그래, 이건 바로 전자석이었어."

"그게 무슨 말이지?"

"전자석은 전류가 흐르면 자석이 되지요. 하지만 전류가 흐르지 않으면 더 이상 자석이 아니에요. 누군가 전류를 흘려 전자석에 쇠붙이를 놓았다가 우리가 들어갈 때 전류를 끊어

쇠붙이가 떨어지게 한 거예요.”

코난이 설명했습니다.

“그럼 유령이 낸 음악 소리는?”

허크가 물었습니다.

코난은 다시 전축을 이리저리 살폈습니다. 그리고 전축의 안테나에 매달려 있는 코일을 발견했습니다. 그리고 전축 뒤를 보니 조그만 구멍이 있었습니다.

코난은 구멍이 있는 방으로 가 보았습니다. 그곳에는 유령의 음악 소리 CD가 꽂혀 있는 또 다른 전축이 있었고, 그 전축의 안테나에도 코일이 매달려 있었습니다.

“이제 알았어요. 누군가 이 방에서 유령의 음악 소리가 나오는 CD를 틀고, 그것이 안테나에 매달린 코일을 통해 CD가

들어 있지 않은 전축의 코일에 전류를 흐르게 하여 스피커를 통해 울리게 한 거예요. 그러니까 CD가 들어 있는 전축의 코일은 전자석 구실을 하여 방에 있는 전축의 코일 앞에서 전자

석의 세기가 변하면서 전류가 흐른 거지요."

코난은 유령 소리가 나는 이유를 알아냈습니다.

세인 보안관은 지하로 연결된 통로를 따라 내려가 장난을 친 20대 후반의 젊은이를 붙잡았습니다. 젊은이는 빈집을 자신의 집으로 만들기 위해 유령이 나오는 집처럼 만들었던 것이지요. 그 후 마을 사람들은 그 집을 코난과 동네 아이들의 놀이방으로 만들어 주었습니다.

과학자 소개

전자기학에 크게 공헌한 패러데이Michael Faraday, 1791~1867

패러데이는 1791년 영국에서 태어났습니다. 13세에 책을 제본하는 일을 시작하였는데, 이때 일하던 가게에 있던 모든 과학 책들을 흥미를 가지고 읽었습니다.

19세에 우연히 화학자 데이비(Humphry Dary, 1778~1829)의 강의를 듣게 되었고, 데이비의 도움으로 왕립 연구소의 실험 조수로 일하게 되었습니다.

처음 연구를 시작하였을 때에는 화학에 많은 기여를 하였습니다. 1825년에는 벤젠을 발견하여 유기 화학에 큰 기여를 하였습니다.

1831년에는 코일 근처로 자석을 움직였을 때 전류가 생기는 것을 발견하였습니다. 이것이 유명한 '전자기 유도 현상'

입니다. 지금 발전소에서 쓰이는 발전기가 바로 이 전자기 유도 현상을 바탕으로 개발된 것입니다.

1834년에는 화학과 전기를 결합시켜 '전기 분해 법칙'을 발견하였습니다. 이때 음극, 양극, 음이온, 양이온, 전극이라는 말을 처음으로 도입하기도 하였습니다. 또한 빛과 자기의 관계에 대하여 연구하여 후에 맥스웰(James Clerk Maxwell, 1831~1879)이 전기와 자기, 빛을 하나로 통합한 전자기 이론을 정리하는 데 큰 영향을 주었습니다.

이렇게 화학과 전자기학에 큰 공헌을 한 패러데이는 뛰어난 강연자이기도 하였습니다. 크리스마스 강연집인 《양초의 과학》이라는 책은 지금까지도 많이 읽히고 있습니다.

1861년 간행된 《양초의 과학》은 패러데이가 왕립 연구소에 재직할 당시 크리스마스에 소년 · 소녀들에게 강연한 내용을 묶은 책으로, 양초를 통해 화학 및 자연과학이 무엇인지에 대해 알기 쉽게 설명하고 있습니다.

과학 연대표

언제, 무슨 일이?

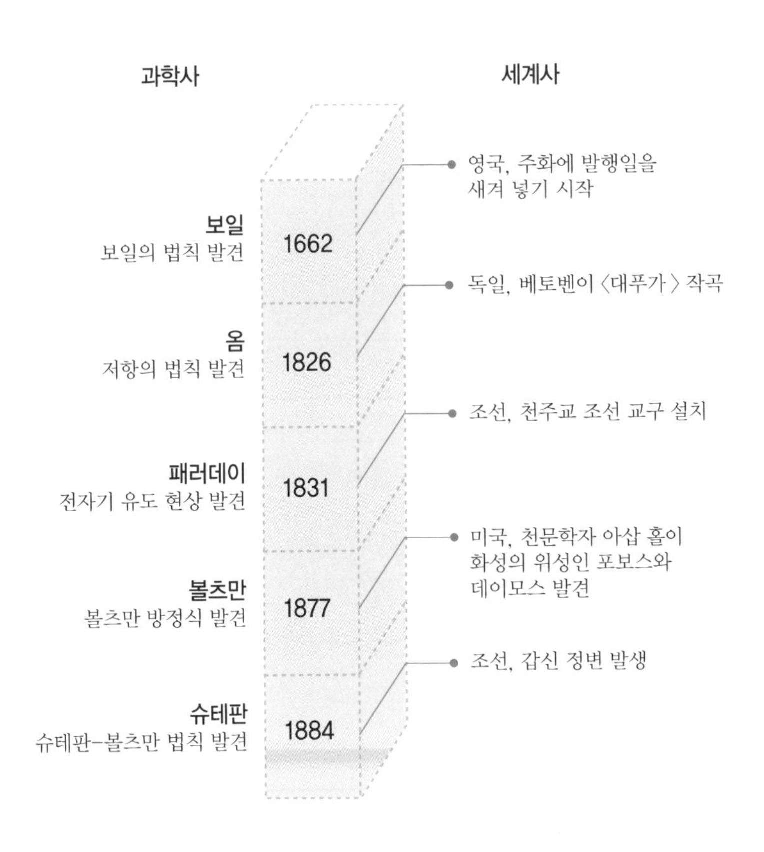

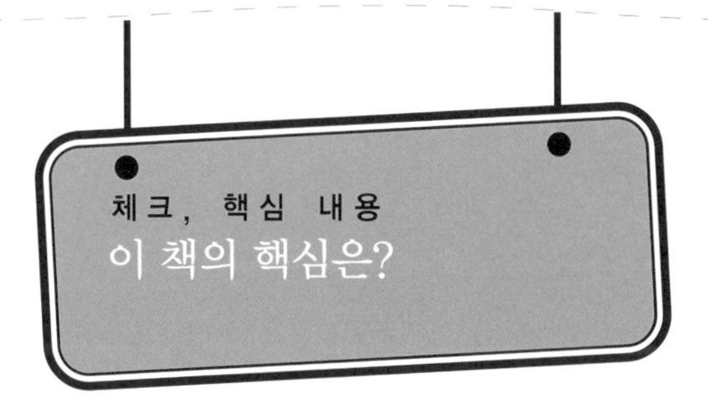

1. 전기 회로에 □□가 흐르면 주위에 있는 나침반의 방향이 바뀝니다.
2. □□□은 전류가 흐를 때만 자석의 성질을 띱니다.
3. 초인종은 전류가 흐를 때만 자석의 성질을 가지는 □□□의 성질을 이용한 장치입니다.
4. □□가 흐르는 두 금속 막대 사이에는 힘이 작용합니다.
5. 기계를 돌리는 일을 하는 최초의 전동기는 1831년 □□가 발명했습니다.
6. 전기 회로의 전선 일부를 고리 모양으로 만든 다음, □□을 밀어 넣으면 회로에 전류가 흐릅니다.
7. 일반 가정에 들어오는 전기는 전류의 방향이 반복적으로 바뀌는데, 이런 전류를 □□라고 합니다.

1. 전류 2. 전자석 3. 전자석 4. 전류 5. 헨리 6. 자석 7. 교류

이슈, 현대 과학

소형 발전기 개발 성공

2008년 11월 10일 영국 사우샘프턴 대학 병원의 로버츠 박사 연구팀은 미국 뉴올리언스에서 열린 미국 심장협회 정기 학술회의에서 초소형 발전기를 공개했습니다. 이 발전기는 심장이 뛰는 힘을 이용해 전기를 만드는데, 인공 심장 박동기처럼 인체에 이식하는 의료 장비의 전지 문제를 해결할 수 있을 것으로 많은 사람들이 기대하고 있습니다.

초소형 발전기는 액체가 가득 채워져 있는 두 개의 작은 풍선과 실리콘 튜브로 이루어져 있고 튜브의 좌우에 움직일 수 있는 자석이 있습니다. 작동 원리는 비교적 간단합니다. 심장이 뛰면 붙어 있는 풍선이 압력을 받아 풍선 속 액체가 밀리면서 실리콘 튜브 속 자석을 움직이게 합니다. 튜브 안에는 전도성 코일이 감겨 있는데, 코일 안에서 자석이 움직이면 전자기 유도 원리에 의해 전류가 발생하는 것입니다.

연구팀은 심장 박동수가 1분에 80회일 때 4.3마이크로줄의 전기 에너지가 발생했다고 밝혔습니다. 이는 인공 심장 박동기가 필요로 하는 전기 에너지의 17%에 해당하는 양입니다.

로버츠 박사는 초소형 발전기가 이용하는 에너지는 심장이 발생시키는 에너지의 아주 작은 부분에 해당해 심장에 전혀 부담을 주지 않는다고 주장했습니다. 또한 풍선의 재질을 개선하면 발전 효율을 더 높일 수 있을 것이라고 주장했습니다.

연구팀은 돼지에게 초소형 발전기를 이식한 결과, 돼지의 심장 박동에 조금도 무리를 주지 않는다는 것을 확인했습니다. 초소형 발전기의 발명 덕분에 인공 심장 박동기를 이식한 사람에 대한 전지 교체 횟수가 훨씬 줄어들게 되었습니다.

찾아보기

어디에 어떤 내용이?